一
九
色
鹿
一

罗玮——著

马上衣冠

MONGOL FACTORS ON CLOTHING
IN YUAN AND MING DYNASTIES

COSTUME OF NOMADS

元明服饰中的蒙古因素

社会科学文献出版社
SOCIAL SCIENCES ACADEMIC PRESS (CHINA)

自此，人皆戴笠，衣冠别矣。

——（元）刘一清:《钱塘遗事》卷九《丙子北狩》

况曳撒、大帽止宜用于行役，而非见君之服。

——《明武宗实录》卷一五八
“正德十三年正月五日”条

今武弁、举子、驿史、仓曹皆戴三品忠静冠。始儒俗莫分，尊卑莫别，如法服何？然大帽、半袖胡服亦未尽革也。

——（明）胡缵宗:《愿学编》卷下

赐来大帽号烟墩，云是唐王古制存。金顶宝装齐戴好，路人只拟是王孙。

——（明）严嵩:《钤山堂集》卷一三
《诗·赐烟墩帽并金厢宝石帽顶一座》

圆帽，是即今毡帽之类。始于元世祖出猎，恶日射其目，乃以树叶置于胡帽之前。其后雍古剌氏乃以毡一片置于前，因不圆复置于后，故今有帽大檐是也。

——（明）王三聘:《事物考》卷六《冠服》

如元人帽制，必圆而六瓣，必上杀而六合。穷其极，以为颠。必下为檐，以受瓣。檐其高，必杀什之七。服者无敢易也，易则众目骇矣。鬻于市亦不售。

——（明）靳学颜:《靳两城先生集》卷二〇
《场屋尔雅题辞》

徐文贞公居家祀先，每戴大帽，衣大红曳襒。人不晓其故，盖直庐之服也。

——（明）李绍文:《云间杂识》卷七

近又珍玉帽顶，其大有至三寸，高有至四寸者。价比三十年前加十倍，以其可作鼎、彝盖上嵌饰也。问之，皆曰此宋制，又有云宋人尚未办此，必唐物也。竟不晓此乃故元时物。

——（明）沈德符:《万历野获编》卷二六
《玩具·云南雕漆》

若细缝裤褶，自是虏人上马之衣，何故士绅用之以为庄服也?

——（明）沈德符:《万历野获编》卷二六《物带人号》

序　一

元朝的建立，使数千年草原民族与中原民族争夺生存空间的角逐以蒙古族全面入主中原而暂告一段落。蒙古政权对华北地区的统治持续了近一个半世纪，元朝对南方的全局或局部控制又有近百年之久。元朝不仅带来了蒙古族固有的政治制度、社会组织形式，也将蒙古族的文化习俗带到了广大汉族地区。

在元末大动乱中，朱元璋领导的义军以“驱逐胡虏、恢复中华”为号召，推翻了元朝政权，把元朝统治集团逐往漠北。明朝政权一建立，太祖朱元璋就着手清除蒙元统治的影响，在政治制度上提出恢复汉唐之旧，在社会生活层面，则下令禁止胡服胡语胡姓。洪武元年（1368）二月壬子，“诏衣冠如唐制”。洪武三年，“礼部言：‘今国家承元之后，取法周汉唐宋，服色所尚，赤色为宜。’从之”。明人何孟春说：“元世祖起自朔漠以有天下，悉以胡俗变易中国之制。士庶咸辫发椎髻，深檐胡帽。衣服则为裤褶窄袖及辫线腰褶。妇女衣窄袖短衣，下服裙裳，无复中国衣冠之旧。甚者，易其姓氏为胡语。俗化既久，恬不知怪。我太祖心久厌之。洪武改元，乃诏悉复衣冠唐制。士民皆束发于顶，官则乌纱帽、圆领、束带、黑靴。士庶则服四带巾，杂色盘领，衣不得用黄玄。乐工冠青屯（据《明实录》当作‘卍’）字顶巾，系红绿帛带。士庶妻首饰许用银镀金，耳环用金珠，钏环用银，服浅色团衫，用纻丝绫罗绸绢。其乐妓则带明角皂褙，不许与庶民妻同。不得服截两胡衣，其辫发胡髻胡服胡语，一切禁止。斟酌损益，皆断自圣心。于是，百有余年，胡俗悉复中国之旧矣。”

然而，朱元璋可以在战场上取得完全的胜利从而建立明朝政权，但在战场之外，“恢复汉冠威仪”却并不能立竿见影，无法做到何孟春所说的“悉复中国之旧”。

明朝建立之初，朝廷的政令在一些地方遭到抵制。一些读书人拒绝与明朝政府合作，甚至为了不被征召出仕而自残。为此朱元璋下令设立“天下士人不为君用科”加以惩治。政治态度如此，文化风俗的情况可知。对胡服胡语的禁令不能得到果断执行，甚至朝臣中也不乏容忍迁就胡服者。洪武二十三年，朱元璋不得不重新申明禁令：“上见朝臣所服之衣，多取便易，日就短窄，有乖古制。乃命礼部尚书李原名、国子司业龚敩参酌时宜，俾存古意。”反映的就是胡服在实际应用中的遗存和朱元璋对其的进一步清理。然而，一些胡服元素在民间被顽固保留，胡服胡语屡禁不止。以至于弘治四年（1491），刑部尚书何乔新上书请求下令，禁止京师胡服胡语。其时距明朝开国已经120余年，京师尚且如此，边鄙乡野其情可知。

近年来，学界对社会史、风俗史的关注越来越多，服饰史的研究也愈益活跃。通史、断代的服饰史研究不断有新成果出现。罗玮君擅长元代史，近日完成大著《马上衣冠——元明服饰中的蒙古因素》，专注于蒙古服饰的研究，特别是蒙古服饰在明代的遗存。在众多服饰史研究的专著中，本书尤其令人瞩目。

近年来，古代服饰的研究愈加受到学术界关注，也产生了一些有影响的著作。这些著作不少是工艺美术学或文物、博物学之作。研究者更强调的是服饰本身，如服饰的质料、设计、剪裁、缝制乃至时代特征、民族特征等。就服饰说服饰，服饰背后的历史文化、制度风俗不是他们关注的重点。服装专业、工艺美术专业的学者更注重服饰美的价值；历史专业的学者，更注重服饰与政治制度的关系。而本书作者作为制度史的专家投入服饰史的研究，史学家而具备美术家的视角，则兼得二者之长。作者不仅精到地描述和展现了服饰本身形制的细节，更揭示和阐释了各种服饰形制背后的制度与习俗的文化渊源。因此，它就成了一部立体的、丰厚的、有整体感的服饰史著作。“读”服饰，同时可以了解其历史、其时代。一如郭沫若先生所言，通过对古代服饰的探索，大可对当时的生产方式、阶级关系、风俗习惯、文物制度等，一目了然。

作为历史的服饰，并非静止的存在。服饰史是一条流动的长河，其发展流变、分裂融汇一刻也没有停止。胡适先生在《中国哲学史大纲》中把历史研究的最终阶段归纳为明变、求因、评判。本书的研究，是对流动的服饰史长河做跨时代的观察。作者截取了由元流动至明的一段，不仅明其变，而且求其因。正如作者所说：深入发掘服饰形制演变过程中的民族文化互动因素、服饰形态背后隐含的社会心态乃至政治社会背景等更广阔的重要历史问题，则是对历史的思考和评判。以往的服饰史研究更多地强调时代划分，强调各时代的特色和区别。即使是号称通史的服饰史著作，也不太重视各个不同时代之间的关联，因而有通史不通之嫌。本书则聚焦元明之间断而不断、断而有连的现象。这种断而不断、断而有连的形态，在民族大变动的元明之间是如此，在其他各代之间又何尝不是如此！所以，作者跨代的研究视角，不仅可以用于由元入明的服饰史研究，对于整个服饰史的研究也具有普遍意义。作者本身就是元史专家，对明代服饰中存在的蒙古元素可以更清楚地辨识和解读。

如前所述，明朝建国后，尽管朝廷一再颁布禁令禁止胡服胡语，但胡服胡语仍然难以禁绝，以至于过了一百多年，明朝政府还在下令禁止胡服胡语。那么，在明代，胡服具体说是蒙古服饰到底是一种怎样的存在，为什么会有这样的存在，它的政治的、文化的、风俗的意义何在，就有必要进行深入的考察。这种研究超出了服饰史的范围，它可以使对明朝历史的认识更加丰满。

本书的研究是在中华传统文化热的大背景下展开的。它从一个侧面，一段服饰史的侧面探寻“我从哪里来的”问题，也从历史曾经的走向为要到哪里去以及怎样到那里去提供借鉴。本书的研究还有一个背景，就是21世纪以来青年人中兴起的汉服文化现象。这些并不完全是追逐时髦和张扬个性的行为，有必要从历史发展的脉络中寻绎其缘由，从对历史的准确认知中给予正确的引导。

前辈学者说过，一代有一代之学术。学术研究，无论是研究内容，还是研究方法，都会随时代变迁而改变。甲骨学、敦煌学是因为新的发现而诞生。二重证据法，则是由于科学考古的出现而成为可能。前些年，学界又提出了传世文献加考古材料加社会调查的三重证据法。如今的科技昌明，为学术研究提供了更多的手段和方便，历史研究可以采用更多的方法，其证据岂只限于二重、三重？我将广泛使用各种材料证据研究历史的方法概括为“整体研究法”。2003年，郑欣淼先生提出“故宫学”的概念。故宫学不仅界定了一个新的研究领域，建立了一门新的学科，也在方法上确立了整体研究法的范式。当代科学技术的发展，大大有助于学术研究。就史学而言，文献史料的发掘整理，其规模是空前的；考古事业的蓬勃开展，使越来越多的地下遗存重见天日；摄影、印刷业的进步，使各种历史文物的面貌得以广泛传布，研究者很容易看到；博物馆事业的发展，使研究者能够更多地亲近文物；交通工具的发达，使研究者能够更方便地到各地去考察文物遗存；再加上互联网的无所不能。这一切，都使得学者的研究不再囿于纸上，不再拘于斗室，使对历史做整体研究，或曰以整体研究法去研究历史成为可能。

本书作者的研究方法，首先是多重史料的相互比对，并不专注于文献、图像或实物三大类史料中的一种，而是综合比对，择善而从。其次，对于服饰背后隐含的社会心理以及政治文化问题则主要使用文献方法，广泛收集文集、诗词、碑刻等有关记载，钩沉索隐，发前人之所未发，从而避免了传统工艺美术研究模式对历史文献的重视不足，以及历史学者的研究重于文献的引述而不擅长使用图像史料的缺憾。可见，在研究方法上，作者的理念和具体操作都是与整体研究法相契合的。也正因为如此，在整体研究法之下所取得的成果也不是单一的。其成果不仅仅是服饰史、工艺美术史，也包括了文化史、社会史，乃至制度史、经济史，其研究成果也是整体的。

本书是一部学术著作，也是可以赏玩的艺术品。全书不仅以严谨的叙述和论证讲述了一段精彩纷呈的服饰史，也向读者展现了赏心悦目的古代服饰的具体形象。本书选图保证了清晰、高质量，作者尽可能地收集和运用各种类型的图像史料，包括考古发掘的实物、文博机构的传世藏品、古籍版画插图、古代绘画、宗教水陆画、古代墓葬壁画以及现代高质量的复制品等，可以说目前存世的相关图像史料应有尽有。此外，为了便于理解，作者还动手绘制了一些简洁明快的衣冠服饰示意线图。这些，使本书兼具了学术性、观赏性、趣味性和普及性。

总之，这是一部严谨的有学术质量又好看的书。

是为序。

毛佩琦

明史学者，中国人民大学历史学院教授、

博士生导师，中国明史学会首席顾问，

中国文物保护基金会历史文化专家委员会主任

序 二

一

“民以食为天。”但是，在“衣食住行”人类生存的四大基本要素中，为何排在首位的不是“食”而是“衣”？

因为“衣”是“文明”的人类与“野蛮”的动物的根本区别之所在。“食”代表的是生存，所有的动物乃至生物都需要；“衣”代表的是文明，甚至可以说代表着文明的程度，只有人类才具有。只是在我们过去的研究中，对“食”即生存的关注更多，对“衣”即文明的关注较少。造成这一现象的原因，可能或多或少有“观念”的问题，即认为“食”是不能少的，“衣”固然也不能少，但“服”上加个“饰”，就有些“奢侈”了，而我们的民族应该是勤劳朴素的，是不能追求奢华的。虽然追求奢华不一定好，追求“美”却是人类乃至生物的共性。所以，人类的服饰既体现了文明程度，还表现出人类对美好生活的追求，成为一种文化的表现，用时髦一些的表述，是“物质文化”“物质文明”的体现。

关于服饰方面的研究，沈从文先生厥功至伟，《中国古代服饰研究》成了当代中国服饰研究的开山之作，成为后继者在这条道路上前进的基石。在这些后继者中，有罗玮和他的《马上衣冠——元明服饰中的蒙古因素》。

全书的主体是第一章“马上衣冠：元代服饰中的蒙古因素”、第二章“汉世胡风：明代服饰中的蒙古遗存”、第三章“遗俗流变：蒙古服饰的深层影响”，内容丰富，足见功力；前后有比较简略的“绪言”和“结语”；最后有“附录：元明衣冠服饰史料汇编”及“插图来源”。

二

相较于同类著作，罗玮的《马上衣冠——元明服饰中的蒙古因素》具有鲜明的特征。

其一，以往关于古代服饰的研究主要采用两种模式：一种是采用“历代服饰史”即“贯通”的研究模式；另一种是限于某个具体朝代即“断代”的服饰形制研究。这两种服饰研究模式皆有其合理性，而且都取得了重要的成果，但问题也是明显的。“贯通”式研究容易止于表层，往往只是在进行服饰形制等物质研究之后便浅尝辄止，并不涉及服饰背后复杂的精神文化现象。“断代”式研究的视野专注，却容易忽视服饰本身所具备的长时段、跨朝代继承和延续的历史属性。本书在前两种服饰研究范式的基础上，另辟蹊径，既不谋求“贯通”于中国历代，也不局限在某个“断代”，而是从民族文化的交融与传承角度，关注蒙古服饰对中国服饰本身和文化内核的影响。

其二，本书选取元、明两代作为服饰问题研究的基本时段，对蒙古服饰传统在元、明两代数百年长时段的影响和流播遗存问题进行了系统梳理。第一章“马上衣冠：元代服饰中的蒙古因素”探讨了元代服饰中的蒙古因素，通过文献史料和图像史料的梳理和比对，分别对钹笠帽、后檐帽、前圆后方帽、方笠、蒙古发式、辫线袄、答忽与半臂、质孙、系腰、兀剌靴、云肩、罟罟冠、蒙古妇人袍服等十三类元代影响较大的蒙古服饰进行了研究，充分结合了史料记载并展示了典型的图像史料。第二章“汉世胡风：明代服饰中的蒙古遗存”探讨了以上诸种蒙古服饰因素在明代社会中的存在、传播和流变状况，主要对卷檐帽、钹笠帽、直檐大帽、瓜皮小帽、瓦楞帽、辫线袄、曳撒、褶子衣、质孙、比甲等十种样式进行了深入探讨，并尝试对其行用阶层人群以及行用原因、社会心理以及所反映的政治文化背景等进行初步探讨。第三章“遗俗流变：蒙古服饰的深层影响”初步探讨了明代士大夫对蒙元服饰遗存的认知，揭示了所谓清代满洲服饰，其实很多是蒙古服饰在元明两代流变的结果。这为作者以后的服饰史研究留下了余地。

其三，本书广泛收集和研究大量实物、图像和文献史料，在一百五十多幅各类图像中，许多为第一次在服饰研究著作中展示。这些实物、图像、文字材料证明，元朝时期，蒙古族具有鲜明北方游牧民族特色的服饰式样对当时的中国社会服饰行用状况产生了重要影响。而且，蒙古服饰并没有随着元朝的崩溃而在汉地销声匿迹，相反，以不同形式继续在明代社会中广泛传播流用，其影响甚至延伸到了清代。蒙古民族“马上衣冠”的影响，不仅仅限于“服饰”本身，也涉及更为广泛的社会文化层面。

其四，在古代服饰研究史上，本书首次将元、明两代的服饰分门别类进行研究，系统探索其中的蒙古影响因子，充分体现跨朝代、长时段的研究突破。本书对古代服饰的研究强调多种史料互证，文字与图像并重。本书较之于传统工艺美术模式的古代服饰史研究，更加突出了历史文献的重要性。本书附录部分专门精选出有关的史料，这是以往服饰史著作所不具备的。而历史学者关于服饰的论述往往仅注重文献的引述，可能并不擅长图像史料的收集。

本书的现实意义也是非常突出的，这与一般的纯史学著作有所不同。如前所述，近年来古代服饰研究不断深入和得到热捧与年青一代中“汉服文化复兴”的社会现象有密切关联。因此本书的写作缘起，除了根植于学术思考，同时也含有现实关怀。那就是让本书的研究成果惠及当今“汉服热”风潮下的广大青年人，引导他们的思想，纠正他们的偏颇，实现学术与社会的良好互动，这是本书十分显著的现实意义。

三

和一般的著作不同，本书并没有把“绪论”而是将元明时人有关人们服饰中的“蒙古因素”的记载置于卷首，可以立即引发读者的关注，可谓别出心裁。略举两例：

> 况曳撒、大帽止宜用于行役，而非见君之服。(《明武宗实录》)

正德皇帝朱厚照之所以得到“武宗”的庙号，很大程度上是因为“尚武”。他在宫中喜欢和宦官、勇士中的高手过招，在边境喜欢找蒙古人切磋，所以多次率领京军、边军与蒙古鞑靼人角逐，并自称亲手格杀了一个蒙古骑士；听说江西宁王谋反，他立即率领大军南下，要与宁王在鄱阳湖决战。所以，尽管文官们说“曳撒、大帽止宜用于行役，而非见君之服”，但武宗却认为，只有以这样的服饰迎接，才能显示出自己“总督军务威武大将军总兵官”的身份。

> 今通用者又有陈子衣、阳明巾，此固名儒法服无论矣，若细缝裤褶，自是虏人上马之衣，何故士绅用之以为庄服也？(《万历野获编》)

这里所谓的“陈子衣”，当是名儒陈继儒的服饰。陈继儒号眉公，所载头巾称“眉公巾”，所坐马桶称“眉公马桶”。而所谓的“阳明巾”，则是传说中王阳明所戴的头巾样式。可见明代服饰的多元化，既有名儒之服饰，又有“虏人”之戎装，各取所需。

民族的交融，从来不是所谓“落后”用武力征服“先进”、“先进”用文化改造“落后”那样绝对化，民族的交融、文化的融合是双向乃至多向的。蒙古人进入中原后，开始习惯定居与农业，习惯读书与科举，汉人同样崇拜蒙古人的尚武乃至斗狠，而蒙古“马上”服饰，正是尚武、斗狠的标志。

罗玮的这本书能够有上述建树与创新，应该和最近十多年来考古发现的层出不穷、文物图像出版的突飞猛进有关。大量文物图册和文物展览不断推出，为这一课题的深入研究提供了前所未有的考古与图像资料。虽然许多服饰分类未必非常准确，但还是提供了一个历史视角的推进。当然，无论从文献还是图像的收集，以及在此基础上进行的研究来看，本书应该还属“初探”的阶段，期望罗玮的继续深入和研究。

方志远

明史学者，江西师范大学教授，校学术委员会主任，

国家社科基金历史学科评审组专家，

中国史学会理事，中国明史学会首席顾问

序　三

人们往往将日常生活概括为“衣食住行”，衣列在首位，充分说明了它的重要性。虽则如此，对于衣（服装，或稍延伸为衣冠、服饰）的研究，在史学领域却是个比较小众的题目，各种通史、断代史教材和课程一般不会涉及这方面内容。衣冠服饰本身是以经济发展为基础的物质产品，却被赋予了文化意义，因此极少出现在经济史视野当中；而从文化史角度来看，它又被视为比较低端的层次，地位远不能与精神范围内的思想、文学诸领域相比。不受重视只是一方面，另一方面，研究难度还很大。传统文献对衣冠服饰的正面叙述很少。尽管正史当中常有《舆服志》的设置，但其中有关衣冠服饰的内容大都是围绕宫廷生活和礼仪活动展开的，具有显著的片面性，并不能反映一代衣冠服饰的概貌。上述两方面因素，导致衣冠服饰在历史研究中具有一定的“冷门绝学”色彩。

罗玮撰写的《马上衣冠——元明服饰中的蒙古因素》一书，选取蒙古族建立的元朝和代元而立的明朝为时间范围，考察了蒙古因素对两朝服饰的影响。对于这方面的研究，以前主要只有片段和局部研究，本书起到了很好的归纳、总结作用，并且进行了更具深度的分析。在查找和摘录零散文献资料的同时，作者又花费大量精力搜集图像资料，汇为一帙。全书印制精美，图文并茂，为中国古代服饰史研究增添了新的内容，也对读者了解相关问题大有裨益。此外，也从一个侧面反映出从元到明蒙汉文化习俗交流、交融的情况，有助于中华民族共同体研究的进一步深入。以前，我曾就元朝在中国古代历史发展进程中的影响做过讲座，分别从政治、经济、文化三方面进行总结，但没有涉及包括衣冠服饰在内的社会生活领域。本书对此则是有益的补充。

当然，由于材料的零散性和随机性，本书的讨论也还会有漏洞和缺憾。比如，虽以“服饰”为题，实际上几乎都是“服”即衣冠的内容，对于“饰”即饰品基本未予以关注。对有些材料的理解，或许也还有探讨的余地。凡此，期待作者在以后的研究中继续补充、深入。

张帆

元史学者，北京大学历史学系教授，

中国史学会副会长，中国元史研究会原会长，

中国蒙古史学会副会长

序　四

今年夏天收到罗玮博士的书稿并索序。这是罗玮博士的第一部学术著作，是他大学与硕士研究生阶段重点关注的问题，倾注了不少心血。坦率地讲，我对服饰研究没有发言权，可同罗玮博士有过一段博士后合作导师的缘分，自觉应该写几句话。

中华民族历史上的交往、交流、交融从来就不是单向的，北方民族服饰对中原地区的影响自古有之，如赵武灵王胡服骑射是大家都耳熟能详的故事。元朝是北方少数民族建立的第一个统一中国的王朝，其所带来的草原文化影响更是超越前代，其中不少甚至融入汉族文化，成为后者的组成部分。在概述与个案研究中，本书对此都有一定程度的涉及。作者以元代社会生活中常见的服饰为切入点，对其中的蒙古因素，分钹笠帽、后檐帽、前圆后方帽、方笠、蒙古发式、辫线袄、答忽与半臂、质孙、系腰、兀剌靴、云肩、罟罟冠、蒙古妇人袍服等十三个方面，做了系统考察。在此基础上，又对这些服饰款式在明代的传播流变做了进一步探讨，并分成若干具体服饰样式分别研究。许多方面的考察与研究，细致入微，其中不乏真知灼见，具有很强的启发性。如带有蒙古因素的服饰样式在明代士人心理层面上产生了重大影响，具体的观点则有，“曳撒”具有某种宫廷皇家威仪的价值色彩等，这些都是史学研究者凭借文献功底深化拓宽服饰史研究空间的宝贵尝试。

本书值得一提的另一特点是图文并茂。就衣冠服饰研究而言，文献记载再生动翔实，如果没有直观形象的图像展示，也会让人有隔靴搔痒、雾里看花之感。近年有学者提倡“形象史学”，试图将形象（包括历史实物、文本图像、文化史迹等）与传统文献、口头传播等载体结合起来，以求更全面综合地考察历史。本书的研究对象是服饰，这方面存有大量实物与图像，如不充分加以利用，无疑会留下很大遗憾。为此，罗玮博士对国内外各大博物馆馆藏、各地考古发现等做了大量调研，取得了丰富的一手资料，并将其融入服饰史研究。如传世名画《元世祖出猎图》，以往学界只将其作一般图像展示，对其中的服饰细节较少关注，本书结合文献深入剖析了元世祖忽必烈的骑马侍从所穿戴的具体冠帽样式，令人印象深刻。这些色彩鲜艳的高清图像，不仅便于读者理解书中叙述的内容，也使书籍本身显得精美雅致，无疑为本书增色不少。

当然，如果硬要讲一点儿吹毛求疵的话，那就是本书的叙述范围仅限于元明两个时段，应该还有进一步拓展的空间。以前我做圣旨发端语研究时，发现明清的“奉天承运”虽源自元代的“上天眷命”，但后者并非绝对的蒙古因素，而是又来自突厥政治文化传统，再往前甚至可远溯至匈奴。服饰这种跨朝越代的社会生活物质习俗，在某种程度上应该有一个长时段的发展演变过程。如果将来有可能的话，期待罗玮博士结合考古资料与文献记载，将元代服饰中的蒙古因素再往前追溯，看看在整个北方游牧民族文化传统中，这种因素是传承有自，还是蒙古所独有，抑或二者兼而有之。

这是我个人的一个小建议。其实只要把视野打开，类似有趣的问题还有很多，文献和图像史料也需要长期积累，非常期待罗玮博士能在本书的基础上做进一步探索与研究。

刘晓

元史学者，南开大学历史学院教授，

中国元史研究会会长

目次

绪言

一

服饰是中国古代一个非常重要的物质文化特征，从最初御寒遮羞的实际功能，逐渐发展到展示阶层与审美的文化功能，并且与纺织和冶金等手工业科技领域紧密相连。古代服饰与古人发肤相贴，占据着古人的视野，与古代社会物质生活和精神文化有着密不可分的关系。故郭沫若先生在为沈从文先生《中国古代服饰研究》所作序言中就肯定古代服饰“资料甚多，大可集中研究”，并进一步认为通过服饰史的探索，“历代生产方式、阶级关系、风俗习惯、文物制度等，大可一目了然，是绝好的史料”。以往的古代服饰研究主要是工艺美术史学者所从事的领域，关注的主要是服饰的形制等基本问题。但自 21 世纪以来，这一情况在发生变化，并且变化的程度是很深的。

一方面，越来越多的历史学者开始关注古代服饰领域，他们往往比工艺美术史学者更加熟悉历史背景知识，更容易发掘古代服饰背后隐含的历史价值。另一方面，一个特殊现象在近年开始出现，那就是青年人群中汉服复兴文化现象逐渐兴起与成熟，年青一代越来越把汉服作为展现个性、张扬自我的一种重要方式。因此，民间出现了越来越多的古代服饰爱好者，有的更进一步发展成研究者，其中甚至不乏具有一定学术水平者，他们逐渐加入古代服饰研究的队伍，并且把服饰史的研究推向深入。他们研究成果的呈现形式也从过去的纸端走向更广阔的网络空间。以上两股服饰研究的“新势力”互相砥砺，彼此促进，以更多元的方式推动服饰研究走向深入。因此，除前述早期服饰研究所涉及的表层关联事物外，近年来的古代服饰研究越来越发掘服饰形制演变过程中的民族文化互动因素、服饰形制背后隐含的社会心态乃至政治社会背景等更广阔的重要历史问题。本书就是这类古代服饰研究新探索的学术成果。

以往的古代服饰研究主要是采用两种模式：一种是“历代服饰史”那类贯通的研究模式；另一种是只限于某种具体朝代的服饰形制研究。这两种服饰研究范式各有问题。贯通研究模式容易止于表层，往往只是在进行服饰形制等物质研究之后便浅尝辄止，并不涉及服饰背后复杂的精神文化现象。具体朝代、具体服饰样式的研究虽然研究视野专注，却又容易忽视服饰本身所具备的长时段、跨朝代继承和延续的历史属性。因此本书以元、明两朝作为基本研究时段，始终紧扣“蒙古影响”这一主线，主要关注蒙古服饰在中国历史上的长期影响和文化内核影响。蒙古族所建立的元朝是中国历史上第一个由北方游牧民族缔造的大一统王朝。大量实物、图像和文献史料都表明元代服饰不同程度地受到蒙古服饰的影响，与唐宋以后的汉族衣冠制度迥然不同。而目前已有的元代服饰研究论著虽然已经或多或少地揭示了蒙古服饰在当时产生的广泛影响，但对这种影响的叙述往往截至元明鼎革。作为取代元朝重新建立汉族王朝的明朝，其社会服饰中的蒙古影响是否真的全面衰退乃至消失了？虽然一些明代服饰论著中涉及了明代社会中或多或少留存的蒙元服饰影响，但多属于传统工艺美术范畴的服饰研究，即多在介绍服饰具体形制的层面上对蒙古服饰传统的影响略有提及，而且这些明代服饰研究者对元代蒙古服饰的形制和深层文化意义不甚了解。

因此，目前还没有著作专门针对蒙古服饰传统在元明两代（13—17世纪）数百年长时段的影响和流播遗存问题进行梳理，尤其是从历史层面进行系统深入的挖掘。而本书的主要内容就是运用大量实物、图像和文献史料证明，元朝时期，蒙古族具有鲜明北方游牧民族特色的服饰样式对当时的中国社会服饰行用状况产生了一定的影响，而且蒙古服饰并没有随着元朝的崩溃而在汉地销声匿迹，相反，以不同形式继续在明代社会中广泛传播流用。在厘清服饰形制的渊源和去向之后，更进一步对蒙元服饰的诸种样式在元明两代的行用状况进行宏观性考察，并尝试对其行用阶层人群以及行用原因、社会心理以及反映的政治文化背景等更深刻的历史问题进行初步考辨。本书注重多重史料的相互比对，并不局限于文献、图像或实物三大类史料中的一种，而是综合比对，择善而从。此外，针对服饰背后隐含的社会心理以及政治文化问题，本书则主要通过广泛搜集文集、诗词、碑刻等有关记载，钩沉索隐，发前人之所未发，兼具学术性、趣味性和普及性。

第一章主要探讨了元代服饰中的蒙古因素。通过文献史料和图像史料的梳理和比对，该章分别对钹笠帽、后檐帽、前圆后方帽、方笠、蒙古发式、辫线袄、答忽与半臂、质孙、系腰、兀剌靴、云肩、罟罟冠、蒙古妇人袍服等十三类元代影响较大的蒙古服饰进行了研究，充分结合了史料记载并展示了典型的图像史料。第二章更进一步探讨了以上诸种蒙古服饰因素在明代社会中的存在、传播和流变状况，主要对卷檐帽、钹笠帽、直檐大帽、瓜皮小帽、瓦楞帽、辫线袄、曳撒、褶子衣、质孙、比甲等十种样式进行了深入探讨，并尝试对其行用阶层人群以及行用原因、社会心理及其所反映的政治文化背景等进行初步探讨。第三章则是本书超出一般服饰研究的独有部分，更凸显了本书的历史研究本位。该章不同于一般服饰研究主要探索服饰的形制和工艺等物质层面，而是探讨了明代士大夫对蒙元服饰遗存的认知，初步揭示了所谓清代满洲服饰，其实很多是蒙古服饰在元明两代流变的结果。

另外需要说明的是，本书所集中探讨的元明服饰中的蒙古因素，主要针对汉族服饰。这是由中国古代的整体社会状况和史料构成情况所决定的。中华民族自古以来就是一个密不可分的多民族整体，元明两朝都是多民族大一统的王朝，而占据中国古代人群绝大多数的是汉人族群，中国古代绝大多数史料是汉文史料，包括各类文献、图像和实物史料。而蒙古服饰对中国古代后半期社会服饰的影响也主要体现在对占主体地位的汉人族群的长期浸染上。

二

本书的建树与创新之处主要有三点。

一是，在古代服饰研究史上，首次将元明两朝服饰分门别类进行研究，系统探索其中的蒙古影响因子，充分体现跨朝代、长时段的研究突破。

二是，对于古代服饰的研究强调多种史料的互证，文字与图像史料并重。本书较之于传统工艺美术模式的古代服饰史研究，更加突出了历史文献的重要性。而且附录部分精选出有关的史料，这是以往服饰史著作所不具备的。而历史学者关于服饰的论述往往仅注重于文献的引述，可能并不擅长图像史料的收集和服饰示意图的绘制。尤其近十多年来，文物图像出版工作突飞猛进，大量文物图册和文物展览不断推出，为我们深入研究这一课题提供了前所未有的图像基础。虽然很多服饰分类不一定非常准确，但还是有了一个历史视角的推进。该研究目前还是“初探”，后续有待继续深入和发覆。此外，本书选图保证了清晰、高质量。本书在研究过程中收集和运用了各种类型的图像史料，其中包括考古发掘实物、文博机构收藏传世服饰、古籍版画插图、古代文人绘画、宗教水陆画、古代墓葬壁画以及现代文博机构的高质量复制品等。上百幅各类元明服饰的高清图像史料，很多图片是第一次在服饰史著作中展示，这是本书在服饰史研究上的一大推进。笔者还绘制了一些衣冠服饰示意线图，以求简洁明了。这是使本书兼具学术性、趣味性和普及性的一个“亮点”。可以说，目前可见的图像史料应有尽有，并且精选其中的优质图像史料予以展示。

三是，本书在形式上也有重要创新。本书将史料辑录作为附录，可以将研究内容进行全方位的展示。

三

这本小书的基础是我在首都师范大学历史学院就读时的本科论文和硕士论文。受到 21 世纪初社会上刚刚萌芽的汉服复兴的影响，我萌生了探讨古代服饰的想法。本科论文主要探讨了元代汉人服饰受到蒙古习俗影响的问题，硕士论文进一步延伸探讨了明代社会中蒙元服饰的遗存和影响问题。之后，笔者对元明服饰的研究并没有就此止步，仍然在不断深化，最终汇成了这本服饰史著作。

本书首次就古代服饰形制演变过程中的跨朝代、长时段民族影响因素进行专门的研究。当今历史学的前沿成果，不仅需要制度史等传统领域的深入，也需要文化史等领域的外延性成果。而本书就是由制度史研究者所做的文化史研究，这是一种纯粹的表现“跨学科”和“融合性”的学术成果。

如前所述，近年来古代服饰研究不断深入和得到热捧与年青一代中“汉服文化复兴”的社会现象有密切关联。因此本书的写作缘起，除了根植于学术思考，同时也含有现实关怀。那就是让本书的研究成果惠及当今“汉服热”风潮下的广大青年人，引导他们的思想，纠正他们的偏颇，实现学术与社会的良好互动。

在本书撰写和图片收集过程中，内蒙古师范大学李莉莎老师、西安碑林博物馆杨洁老师、故宫博物院书画部马顺平老师、北京保利国际拍卖有限公司徐向龙先生、北京大学付马博士、复旦大学邱铁皓副教授、闽江学院黄曦老师给予了我真诚的帮助，北京大学历史学系张帆教授、党宝海副教授审读此书，提出了很多宝贵意见。在此致以诚挚的感谢！

这本书得以最终修订和正式出版，我要感谢一直陪伴我的爱女，感谢一直帮助我的爱妻张燕楠，她为本书设计了封面主图案并绘制了线稿示意图，感谢一直支持我的父亲母亲和岳父岳母。让我们一起努力，穿过学术、事业和生活的重重考验，不断走向美好。

第一章 马上衣冠：元代服饰中的蒙古因素

一　概述

首先有必要对元代服饰中的蒙古因素这一问题的研究概况进行梳理。对于这一问题，目前的专门研究屈指可数，但针对元代服饰这一更大范围的课题，学界尤其是历史学者和服饰研究者的研究成果可谓硕果累累。有相当一批蒙元服饰研究论著涌现出来，其中也部分涉及“对于汉族的影响”这一问题。

在种类繁多的服饰通史著作中，占有重要地位的主要有沈从文先生的《中国古代服饰研究》、周锡保的《中国古代服饰史》、袁杰英编著的《中国历代服饰史》、黄能馥和陈娟娟编著的《中国服装史》、高春明的《中国服饰名物考》等。[1]这些著作中有专门篇章对元代服饰的状况进行不同程度的介绍，可以使读者对元代服饰，尤其是蒙古服饰有一个大体的认识。

还有不少研究论文专门探讨或部分涉及蒙元服饰的相关问题，它们从不同角度和方向对元代的服饰状况进行研究，不断完善和补充我们对于元代服饰的认识。其中元代的蒙古服饰无疑是研究的大宗，现择选一些具有代表性的成果论述于下。

第一，全面探讨蒙古汗国至元代服饰状况的论文有欧阳琦的《元代服装小考》[2]、周玲和张连举合写的《元杂剧中的服饰风俗文化遗存》[3]、苏力的《原本〈老乞大〉所见元代衣俗》[4]、侯玉敏的《蒙古民族服饰艺术刍论》[5]、杨玲的《元代丝织品研究》[6]等。尤其是杨玲的《元代丝织品研究》下力尤深，其中“丝织品形制分析”一章，对目前考古发现的102件元代服装实物逐一分析，使我们能够十分翔实、直观地了解元代蒙汉两族人民的日常服饰。

第二，部分述及元代服饰的论文有李德仁的《山西右玉宝宁寺元代水陆画论略》[7]、楼淑琦的《元代织金锦服饰工艺及修复》[8]、黄雪寅的《13—14世纪蒙古族衣冠服饰的图案艺术》[9]。以上这些论文从不同角度探讨了元代的服饰状况，可增加我们对元代服饰的认识。

第三，对蒙元时代服饰特别是蒙古民族服饰进行专题研究的文章也有一定数量。苏日娜的《蒙元时期蒙古族的服饰原料》《蒙元时期蒙古族的发式与帽冠》《蒙元时期蒙古人的袍服与靴子》三篇文章对蒙古汗国至元朝时期蒙古民族的服饰进行了专门研究。[10]她的另一篇论文《罟罟冠形制考》在前人研究成果的基础上，引用中外史料和考古成果对蒙元时期蒙古贵族妇女的重要冠饰“罟罟冠”的源流、形制与变化进行了严谨考证。[11]

金琳的《云肩在蒙元服饰中的运用》选择“云肩”这一出现于金代的装饰性服饰作为研究对象，考证其在蒙元时代发展演变的过程。指出云肩虽然产生于金代，但广泛流行于元代；云肩最终从一种衣物演变为一种装饰性的图案，在形式上也日趋多样化，应是受到了伊斯兰文化、蒙古文化和汉文化诸种文化的影响。[12]

赵丰的《蒙元龙袍的类型及地位》详细介绍了蒙元时代出现的三种龙袍式样（云肩式龙袍、胸背式龙袍和团窠式龙袍）的具体形制。在服饰来源上，通过考古实物和文献资料推断“云肩”可能来自西亚，“胸背”源自金代北方少数民族，“团窠”来自汉民族。[13]

李莉莎《论〈蒙古秘史〉中的服装描述及其文化蕴意》通过对《蒙古秘史》的引述和研究，对蒙古民族形成时期的服饰状况进行了探讨。[14]

上述论著在梳理和探明蒙元时代服饰具体形制的工作上做出了很大贡献，但还有很大的拓展空间。如大部分研究成果还是局限于就服饰论形制的传统艺术史研究模式中，未能触及服饰的相互作用、文化内涵和社会影响等更深层次的问题。诚如虞守随所说：“服饰在人，其事若小而所系甚大。”[15] 古代衣冠服饰研究的巨大历史文化价值还有待于进一步发掘。对于这一问题的进一步探索，正是历史研究弥补工艺美术研究不足的重要体现。

值得注意的是，也有一些学者的服饰史研究成果摆脱了传统学科界限的束缚，探索了相类似的问题。如杜若《元明之际金齿百夷服饰、礼俗、发式的变革———兼述两本〈百夷传〉所记“胡人”风俗对金齿百夷的影响》一文，详细论证了元代驻守在云南金齿地区的以北方少数民族为主力的元军，即所谓“胡人”对当地少数民族“金齿百夷”的礼俗、服饰及发式的影响。[16] 该文所探讨主题与本书十分相近，其研究方法、方式十分值得借鉴。另外，前述《云肩在蒙元服饰中的运用》和《蒙元龙袍的类型及地位》两篇文章也从不同角度考证了同一个现象，即元代流传广泛的服饰类型对明清服饰产生了较大影响。明代云肩式龙袍和清代官服中“披领”的产生，与元代“云肩”的渊源关系是十分明显的。这一结论也间接证明了蒙元服饰对汉族的影响，对本书主题的探讨具有很大的启发性。

中国古代社会中，统治阶级占据着社会上层和掌握着多数资源，他们的行为举止和生活模式对于社会下层民众有着很大的吸引力。我国的先民早已注意到这一社会现象，“上行下效”的古语在先秦典籍中便多有提及。而服饰就是其中一个非常重要的文化特征，它与古人发肤相贴，占据着古人的视野，与古代社会生活密不可分。因此，服饰风尚往往能够十分明显地体现社会上层对下层的影响。《韩非子》记载：

> 齐桓公好服紫，一国尽服紫。当是时也，五素不得一紫，桓公患之。谓管仲曰：“寡人好服紫，紫贵甚，一国百姓好服紫不已，寡人奈何？”管仲曰：“君欲止之，何不试勿衣紫也。谓左右曰：‘吾甚恶紫之臭。’于是左右适有衣紫而进者，公必曰：‘少却，吾恶紫臭。’”公曰：“诺。”于是日，郎中莫衣紫，其明日，国中莫衣紫，三日，境内莫衣紫也。[17]

这大意就是说齐桓公喜欢穿紫色衣服，因此齐国上下都穿紫色衣服。因此造成紫色布料价格昂贵，五匹素布换不了一匹紫布。齐桓公对此十分忧虑。管仲出主意说，齐桓公应该不再穿紫色衣服，并且对左右大臣说自己讨厌紫色。齐桓公照做了，果然齐国境内逐渐没人穿紫色衣服了。

而在东晋名臣王导身上也发生过类似的事情。“（王）导善于因事，虽无日用之益，而岁计有余。时帑藏空竭，库中惟有练数千端，鬻之不售，而国用不给。导患之，乃与朝贤俱制练布单衣，于是士人翕然竞服之，练遂踊贵。乃令主者出卖，端至一金。其为时所慕如此。”[18] 王导主政时期出现了国库枯竭的情况。国库中只有绢布几千匹，但是又卖不出去，因此国家财政吃紧。王导便与大臣名士一起穿着绢布单衣，于是东晋士大夫竞相效仿穿着绢衣，绢布价格飞涨。王导命令国库官员出售绢布，一匹甚至达到一金的价格。财政问题得以解决。

这些著名典故把统治阶级的服饰习惯与意识对社会广大民众的巨大导向作用表现得淋漓尽致。

13世纪，蒙古骑兵纵横驰骋于整个亚欧大陆，陆续灭亡了几个政权，包括统治汉地南北的南宋与金两个王朝。其中，蒙古政权对华北地区的统治持续了近一个半世纪，元朝对南方的全局或局部控制亦有近百年。虽然元朝对汉族民众服饰的政策总体上是比较宽松的，[19]甚至冕服公服式样多仿效唐宋制度；但在掌握政治权力的蒙古贵族统治下度过一个世纪的漫长时间，南北汉族人民不可避免地会受到上层的影响，沾染些所谓的“胡风胡俗”。与此同时，蒙古贵族总体表现得“汉化”迟滞。例如权衡撰《庚申外史》载元顺帝太子爱猷识理答腊（即后之北元昭宗）曾说：“李先生（指其师傅李好文——笔者注）教我读儒书许多年，我不省书中何意，西番僧教我佛经，我一夕便晓。”[20]直至元末，蒙古贵族都保持着较强的本族群文化特色。但这给广大汉族人群的习俗浸染提供了强大的原动力。

另一方面，从蒙元时代蒙古服饰的本身特点来讲，蒙古服饰式样在元代社会中广泛传播具有可行性。蒙元时代的很多史料披露出蒙古服饰行用的一大特点是没有等级、社会通用。蒙古国时期，曾出使蒙古的南宋使臣彭大雅便说蒙古服饰：“无贵贱等差。”[21]元朝平宋后，南宋遗民郑思肖说：“虏主、虏吏、虏民、僧道男女，上下尊卑，礼节服色一体无别。”[22]元朝中期的郑介夫在上奏的《太平策》中亦言：“今衣冠一体，贵贱不分，服色混淆，尊卑无别。如绣金龙凤，帝服也，而百官庶人皆得服之；明珠碧钿，后饰也，而闾阎下贱皆能效之。”[23]元代官文书也记载大德年间的服饰情况曰：“街市卖的段子，似上位穿的御用大龙则少一个爪儿，四个爪儿的〔织〕着卖有。……胸背龙儿的段子织呵，不碍事，教织着〔者〕。”[24]类似皇帝龙纹袍服但纹样少一个龙爪的衣服也可在元代街市上售卖，元廷明令“不碍事”，允许织造售卖。只是与皇帝龙袍完全一致的纹样禁止销售。服饰的等级性之衰弱在元代达到了顶峰。至元末明初，叶子奇也评论蒙元服饰的总体特征是“上下均可服，等威不甚辨也”。[25]以上事例说明，有元一代，元廷对蒙古服饰种类在元代社会中的行用基本是不做明显干预的。蒙古服饰的行用在内在推动和外在限制中都没有明显负面因素。在政治权力的吸引和推动下，蒙古服饰的传播速度会逐渐加快。

那么蒙古统治下的元代社会是否存在蒙古服饰广泛行用的情况呢？实际上，元朝平宋后，初入北方元境的亡宋士人已经觉察到了这种迥异的“衣冠场”。

如初入元土的刘一清发现：“自此，人皆戴笠，衣冠别矣。”[26]而在元明时期的古籍中，也可以看到关于元代盛行“胡风胡俗”的记述。南宋遗民郑思肖在所著《心史》中记述：

> 今南人衣服、饮食、性情、举止、气象、言语、节奏，与之（指蒙古——笔者注）俱化，唯恐有一毫不相似。

可见，江南汉人模仿蒙古风俗的第一项便是“衣服”。

元明之际的著名文士宋濂文集中载：

> 会宋亡为元，更易方笠、窄袖衫。处士独深衣幅巾，翱翔自如，人竟以为迂。处士笑曰：“我故国之人也，义当然尔。”[27]

元朝灭亡南宋后，世人都换上了属于蒙古服饰的方笠帽和窄袖衫。只有一位处士独自穿着属于汉服的深衣幅巾。人们笑他迂腐，他笑着回答说："我是故国之人，当然这样穿着。"一个"独"字点明了蒙古习俗在江南传播的普遍。

明初文士方孝孺《俞先生墓表》亦载：

> 元既有江南，以豪侈粗戾变礼文之俗，未数十年，薰渍狃狎，骨化风成，而宋之遗习消灭尽矣。为士者辫发短衣，效其语言容饰，以附于上，冀速获仕进，否则诎笑以为鄙怯。非确然自信者鲜不为之变。[28]

元朝统治江南后，经过几十年，南宋风俗几乎消失了。士大夫不仅不穿深衣了，而且模仿蒙古的语言服饰，希望求得官职，不是自信坚定的士人很难不从俗改变。文中虽然流露出对蒙古文化的鄙视情绪，更有夸大之处，但也道出了当时社会的某些真实状况。很多没有深厚文化素养的普通士人，缺乏维护汉族传统文化的使命感，在方孝孺眼中都是"非确然自信者"。在元朝统治下的时间一长，他们为了获得财富和权力，自然要献媚于蒙古统治者，因此很多汉族士人"鲜不为之变"。以上三段史料都是描述南宋灭亡、元朝占领江南之后的社会状况，在这块汉族政权长期统治，汉族文化最为牢固的土地上，作者都要不禁哀叹原有服饰的沉沦，那么北方民族习俗传播早有渊源的广大北方更是自不待言了。

还有一些明代史料述及明朝建立后禁止胡服胡语，也间接反映了元代汉族人沾染蒙古族等北方民族习俗的现象。

《明实录》中载：

（洪武元年二月）诏复衣冠如唐制。初元世祖起自朔漠以有天下，悉以胡俗变易中国之制，士庶咸辫发椎髻，深檐胡帽[29]，衣服则为裤褶窄袖及辫线腰褶，妇女衣窄袖短衣，下服裙裳，无复中国衣冠之旧。甚者，易其姓氏为胡名，习胡语，俗化既久，恬不知怪。上久厌之，至是悉命复衣冠如唐制……不得服两截胡衣，其辫发、椎髻、胡服、胡语、胡姓一切禁止，斟酌损益，皆断自圣心。于是百有余年，胡俗悉复中国之旧矣。[30]

这段史料详细点明了元代汉族人群效仿蒙古服饰、容饰的情况，并指出明朝官方禁止蒙古习俗的政策倾向。

《旧京遗事》亦载："高皇帝驱逐胡元，首禁胡服、胡语。今帝京，前元辇毂所都，斯风未殄，军中所戴大帽既袭元旧。而小儿悉绾发如姑姑帽，嬉戏如胡儿，近服妖矣。"[31] 即是说明朝国都北京还有很多蒙古习俗遗存。

《皇明大政记》载："弘治四年春正月，禁胡服胡语。"《续藏书》中亦有"泰陵（明孝宗陵寝，代指弘治年间）初，召公（何乔新）刑部为尚书，（公）上疏乞禁京师胡服胡语"。[32]

上述明代史料说明元代蒙古等草原游牧民族习俗在汉族地区（尤其北方）染化之深，进而影响到明初至中期的政治和社会。奉行汉族文化本位政策的明朝政府在建立伊始便大力干预民俗，但直至明朝建立一百年后的孝宗时期，京师的胡服胡语仍然"斯风未殄"。

理论的考察与史料的记载都说明元代蒙古统治者的习俗对汉族人群产生过相当的影响，而服饰就是其中极其重要的内容。

除此之外，今人著作对明代的“胡俗”现象也略有提及。陈宝良在《明代社会生活史》中就曾有数语提及明代中期一度出现服饰上恢复“胡风”的现象，并将其与元代蒙古对汉族生活习俗诸方面上的广泛影响相联系，[33] 有待做进一步的探索。

二　元代服饰中蒙古式样案例

笔者通过蒙元时期文献史料和图像资料的对比归纳，初步整理出体现蒙古服饰文化影响或蒙汉之间文化交流的 13 种元代服饰。

（一）钹笠帽

钹笠帽是元代蒙古族群行用最为普遍和最具民族特色的帽式之一。其帽体呈圆形，帽檐伸出且多倾斜向下，下有帽带以固定帽子。华贵的钹笠帽有玉石帽顶，普通的则帽顶缀有红色帽缨，帽后可以垂披幅布。帽式因与铜钹相似，《元史》中名为“钹笠”（图 1）。

图 1　元代钹笠帽示意

钹笠帽的形制显然是适应游牧民族的生产生活需要而形成的。宽大的帽檐与帽体是为了遮挡草原上强烈的日光，垂布可以抵御狂暴的风沙和防止阳光晒伤脖颈。此种帽式在蒙古兴起之前的草原人群中或许已经有了漫长的行用历史，但将其推广到整个汉地社会，应该是蒙古入主中原之后。

一些出使蒙古的南宋使节和南宋灭亡之后的遗民著作里就记载蒙古男子“冬帽而夏笠”，[34]“顶笠穿靴”，[35]指的就是蒙古人夏天多戴钹笠帽，以防止日光暴晒。

蒙元时期，上至天子下至平民，男子都可以戴钹笠帽，即明初文人叶子奇《草木子》所谓：“（元朝）官民皆带帽，其檐或圆。”[36]“其檐或圆”一语即主指属于圆形帽类型的钹笠帽。

蒙元时期很多士人认为蒙古服饰的特点是社会通用。如叶子奇评论蒙元服饰的总体特征是“上下均可服，等威不甚辨也”。曾出使蒙古的南宋使臣彭大雅说蒙古服饰：“无贵贱等差。”[37]南宋遗民郑思肖说：“虏主、虏吏、虏民、僧道男女，上下尊卑，礼节服色一体无别。”[38]这都点出了蒙古服饰的一些特质，但也有不甚准确之处。实际上，蒙古衣冠服饰虽然可以在元代社会上下通行，但仍可以材质和装饰不同来区分身份。钹笠帽也不例外。

叶子奇还言“北人华靡之服，帽则金其顶”。就是说，蒙古人贵重帽冠的一个体现就是使用黄金帽顶。而明代史学家沈德符曾言：“元时除朝会后，王公贵人俱戴大帽，视其顶之花样为等威。尝见有九龙而一龙正面者，乃元主所自御也。”[39]被称为“大帽”的钹笠帽主要依靠帽顶的种类价值来分别等级。沈德符曾经见过一顶有九条龙的钹笠帽，认为是元朝皇帝的御用冠帽。

作为元朝皇帝冠帽的宝顶钹笠帽装饰最为华贵。《元史·舆服志》中就记载了元朝皇帝日常戴用的“宝顶金凤钹笠”“珠缘边钹笠”“金凤顶笠”以及装饰最为华贵的“七宝重顶冠”等诸多帽式。[40]

在清宫南薰殿旧藏的传世元代帝王肖像画中就能看到其典型形制。如元成宗铁穆耳所戴钹笠帽就装有宝石帽顶，帽带当由宝石和木珠串成，并且帽后有披幅垂布，非常华美（图2）。有元一代，皇帝的宝顶钹笠帽的形制当没有发生太大改变。元朝后期元

图2　头戴华丽宝石顶钹笠帽的元成宗像

文宗图帖睦尔御容中所戴钹笠帽形制基本与元成宗所戴一致，不过帽带上的串珠稍有变化（图3）。当然，这也与元朝存续时间不长有关。

图3　头戴华丽宝石顶钹笠帽的元文宗像

与此同时，钹笠帽也是元代广大蒙古族群民众日常生活中所戴之帽，并进而影响到汉人。这在我国各地元代墓葬考古发掘发现的壁画或出土陪葬俑中都可以得到证明。[41]

图4　甘肃漳县元代汪世显家族墓出土宝石顶钹笠帽（侧面）

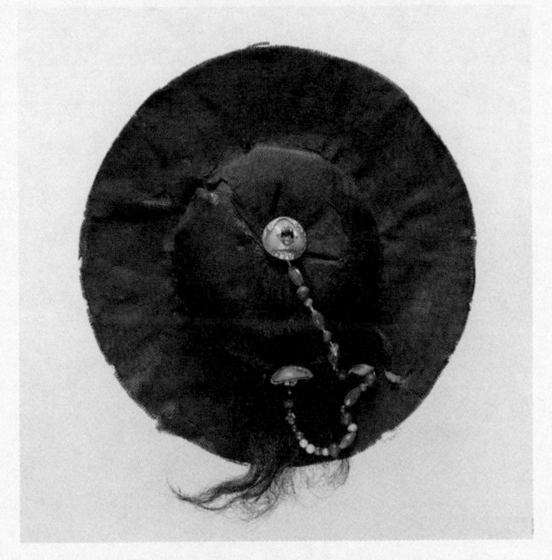

图5　甘肃漳县元代汪世显家族墓出土宝石顶钹笠帽（正面）

关于元代钹笠帽的实物资料，主要依靠考古发掘。新中国成立以来，考古工作不断取得进展。作为最具代表性的蒙元帽式，钹笠帽的实物或图像材料也时有发现，[42]其中不乏精品。最具代表性的当数20世纪70年代甘肃漳县元代汪世显家族墓地考古发掘中出土的一顶直檐钹笠帽。最初《文物》杂志刊发的发掘清理报告中仅有模糊的黑白照片，不便人们了解此帽形制。而近年出版的汪世显家族墓文物研究报告中可以看到这顶钹笠帽的彩色照片（或已经过文物工作者的修复，见图4、图5）。这顶钹笠帽圆形宽沿，以棕为胎，外裹黑纱，帽顶镶玉裹金，由帽顶垂系以31颗珠玉组成的串链，十分华美，展现了元代巩昌汪氏家族西北汉军世侯的政治地位。

此外，各地博物馆中也收藏有元代钹笠帽的实物。如坐落在

图6　中国丝绸博物馆藏钹笠帽实物

杭州的中国丝绸博物馆就藏有元代钹笠帽的实物。该馆曾展出一顶保存相对完好的元代钹笠帽，帽顶可以更换玉石（图6）。此外，该馆还收藏有一顶钹笠帽的帽胎（图7），可以看出其内部材质。

图7　中国丝绸博物馆藏钹笠帽帽胎

在元代存世壁画中也可以找到不少戴钹笠帽的人物形象。比如在著名的山西洪洞县广胜寺壁画《大行散乐忠都秀在此作场》中，两位乐师和一位戴假须绘脸谱的杂剧艺人戴着三顶不同颜色的钹笠帽，其中艺人所戴钹笠帽后垂有披幅（图8）。现代服饰史研究者绘制了壁画复原图（图9），可以更清晰地看到钹笠帽的形制。

元代古籍刻本的版画中也有大量戴钹笠帽的人物形象，反映出元代社会风貌的某些侧面。如宋元明时期著名的日用百科类民间类书《事林广记》在元代有多个刻本，且每种刻本都配有精美插图，以求图文并茂地普及生活常识。《事林广记》的至顺年间建安椿庄书院刻本由于经过中华书局影印出版，影响颇大。在其中的《双陆图》中就可以看到头戴钹笠帽、手捧主人方笠的元代男仆形象（图10）。

图8　山西洪洞县广胜寺水神庙（明应王殿）元代戏曲壁画《大行散乐忠都秀在此作场》（局部）

图9《大行散乐忠都秀在此作场》复原画（局部）

通过全国各地的元代考古发掘，我们也可以看到很多钹笠帽的形制资料，其中较为鲜明的是元墓出土的人俑。元代人俑的发现方面，陕西省以数量多且质量高而全国知名，其中更是不乏头戴钹笠帽的精美人俑。如根据考古工作者绘制的陕西宝鸡元墓出土的元俑摹本，我们可以清晰地看到钹笠帽的形制（图11）。此外，在西安发掘的蒙元汉军世侯刘黑马家族等墓中也发现了数量可观的头戴钹笠帽人俑（图12、图13）。

在全国各地发掘的元代壁画墓中，我们往往可以在常见壁画

图 10 《事林广记 · 双陆图》中头戴钹笠帽、手捧方笠的元代侍从

图 11 陕西宝鸡元墓男俑摹本（局部）

图 12 西安元代刘黑马家族墓出土戴钹笠帽元俑

图 13 西安出土元代戴钹笠帽男俑

题材墓主夫妻对坐开芳宴图中看到墓主与仆从头戴钹笠帽的形象。如山东省济南市历城区元墓壁画开芳宴图中，墓主就戴红色钹笠帽，仆人所戴钹笠帽后垂有披幅（图 14）。

图 14　山东济南元墓壁画中戴钹笠帽的主仆二人

钹笠帽在元代社会上下行用如此广泛，以至形成了一种有别于宋金时期的社会风貌与特征。元朝灭亡南宋前后，踏上北方土地的南宋人刘一清据观察所言“自此，人皆戴笠，衣冠别矣”便是鲜明写照，说明在蒙古汗国与元朝统治之下北方人民普遍戴笠帽，这是北方与南方人群在衣冠上的重要区别。

而钹笠帽在元代的行用某种程度上也塑造着时人的基本社会认知。如《事林广记》至顺年间西园精舍刊本中进行跪拜礼仪教育的《习跪图》都使用戴钹笠帽的人物形象，说明钹笠帽在元代行用之普遍，尤其是在对“官员形象”的指示意义方面（图 15）。

图 15《事林广记 · 习跪图》中戴钹笠帽的二人

而在蒙元时期“上行下效”之风的浸润下，钹笠大帽也成为

图 16 《摹赵孟頫像》

士人的标准帽式。因此可以看到元代很多官员士人的肖像画也是头戴钹笠帽的形象。如存世的赵孟頫像虽为清人摹画，但也保留了头戴钹笠帽的典型元人形象（图 16）。对此，明清士人已有所认识。如明代姚士麟《见只编》卷上记曰："近见文敏（即赵孟頫，谥文敏——笔者注）自写镜容，头戴笠帽，项下垂缨，身着半臂，此是元人装束。"清代沈初《西清笔记》卷二亦载："天禄琳琅所藏宋版汉书，即历赵文敏、王弇州所藏本也。前有文敏小像一叶，首戴黑圆帽，四周有边，如今伶人所呼大帽。"这些记载敏锐地捕捉到赵孟頫戴钹笠帽的典型蒙元衣冠形态。

（二）后檐帽

除了钹笠帽，元代蒙古人另一种特征鲜明的帽式就是后檐帽，又称"后檐暖帽"，或简称"暖帽"。《元史·舆服志》中即有皇帝所戴的"黄牙忽宝贝珠子带后檐帽""七宝漆纱带后檐帽"等冠帽名。后檐帽的主要特点就是帽后垂有接近长方形的披幅，帽身整体向后倾斜，下有帽带可以固定，帽顶可以缀帽缨。后檐帽是游牧民族度过草原上寒冷的秋冬季节最常使用的帽子，被服饰史研究者认为是中国帽冠史上很独特的式样。[43] 南宋使臣所记述的蒙古人"冬帽而夏笠"中的"冬帽"大体应即指这种暖帽。西方东方学家多桑根据域外史料叙述古代蒙古人的帽式："头戴各色扁帽，帽缘稍鼓起，惟帽后垂缘宽长若棕榈叶，用两带结系于颐下，带下复有带，任风飘动。"[44] 所叙述的这种帽后垂有长缘的帽子当是后檐帽。

后檐帽又是一款十分具有辨识度的蒙古帽式。我们看到清宫旧藏的元太祖成吉思汗与元世祖忽必烈的肖像画都是戴着这种暖帽（图 17、图 18）。

有趣的是，清宫旧藏的元朝历代帝王御容像中所戴帽冠大体可分为两类。早期大汗，从元太祖成吉思汗、元太宗窝阔台到元世祖忽必烈等“创业之君”的形象都是戴着后檐帽，而后期皇帝，从元成宗铁穆耳开始元朝守成帝王们的御容却是普遍头戴宝顶钹笠帽。这是否意味着在元人思想中后檐帽代表着某种“创业”特色，是一种历经风霜的“创业”之服，此有待发覆。

同钹笠帽一样，在各地考古发掘发现的元墓壁画中，我们可以看到很多头戴后檐帽的形象。较为典型的是 1982 年在内蒙古赤峰元宝山发掘的元代壁画墓，其中八幅元代壁画绘制精良，保存较为完善。主壁画是宋金元墓葬壁画中常见的墓主夫妻对坐图，

图 17　头戴后檐暖帽的元太祖成吉思汗像

图 18　头戴后檐暖帽的元世祖忽必烈像

但人物衣冠具有浓厚的蒙元时期特色。其中男主人与身后的仆从都戴着似乎缀有红色帽缨的后檐暖帽（图 19），与前引成吉思汗与忽必烈像所戴帽基本类似。

图 19　内蒙古赤峰元宝山元墓壁画中戴后檐暖帽的主仆二人

图 20　陕西蒲城洞耳村元墓壁画中戴后檐暖帽的人物形象

除了赤峰元宝山元墓外，较为典型的类似形象就是 1998 年在陕西省蒲城县洞耳村发现的蒙元时代壁画墓。其中多幅壁画绘制精美，保存完好，内容生动，并且还附有信息丰富的汉文题记，介绍了墓主身份与家庭信息。这在全国元墓壁画中都是不多见的，十分珍贵。目前此墓壁画已被整体搬迁至陕西考古博物馆。其中墓主夫妻对坐图中的墓主即戴红缨后檐帽，宴饮歌舞图中也有戴后檐帽的人物形象（图 20）。

根据题记，此墓葬年代为至元六年（1269），墓主名为张按答不花（蒙古语 Altan Buqa，意为“金牛”），起蒙古名，穿戴蒙古衣冠，显然是蒙古化的汉人。[45]

图 21　陕西出土的戴后檐暖帽的蒙元陶俑

在陕西元墓出土的众多人俑中，我们也可以看到清晰的后檐帽形制（图 21）。在蒙元时代雕像中，也可以看到戴后檐帽的人物形象，如蒙古国苏赫巴托尔省达里干嘎所竖立的两尊蒙元石雕人像，便是头戴后檐帽（图 22）。

根据这些后檐帽的图像资料，我们有理由相信，后檐帽这种可以防止风沙与阻挡日光的实用帽式即使在元朝灭亡以后也没有在汉地中原消失。在明代的一些材料中还可以看到这种后檐帽的

图 22　蒙古国苏赫巴托尔省达里干嘎蒙元石雕人像

图 23　山西右玉宝宁寺明代水陆画中戴后檐暖帽的人物形象

形象，如在著名的山西省右玉县宝宁寺水陆画中就可以看到十分清晰的红缨后檐帽的形制（图 23）。从各种后檐帽的图像材料还可以看出，后檐帽的帽带如果不系在下颚上就会反系在帽后。

与此同时，伴随着蒙古在亚欧大陆的扩张，可以遮阳防风的蒙古衣冠服饰也传播到了中西亚与东欧地区。比如在伊朗著名史书《史集》的各种版本的插图细密画中往往可以见到蒙古服饰的形象。柏林国家图书馆藏《史集》插图中就有大量戴后檐帽的人物形象，并且与汉地史书中的后檐帽相比装饰了更多羽毛（图 24）。

图 24　柏林国家图书馆藏《史集》插图中戴后檐帽的众多人物形象

（三）前圆后方帽

蒙元帽式中还有一种帽式较为特别，称为“前圆后方帽”，即叶子奇所谓：“（元朝）官民皆带帽。……或前圆后方。”顾名思义，这种帽式的帽檐分为前后两个，前为圆形帽檐，后为长方形披幅，形制上类似前述钹笠帽与后檐帽的结合。汪世显家族墓出土过一顶保存十分完好的前圆后方帽（图 25、26），便于我们清晰地了解此帽的形制。

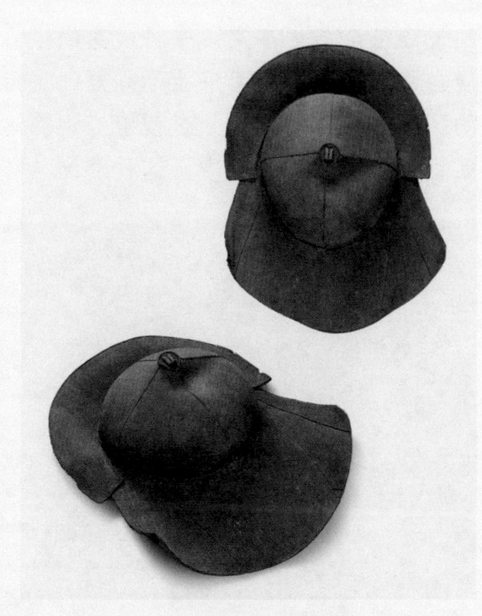

图 25　汪世显墓出土前圆后方帽

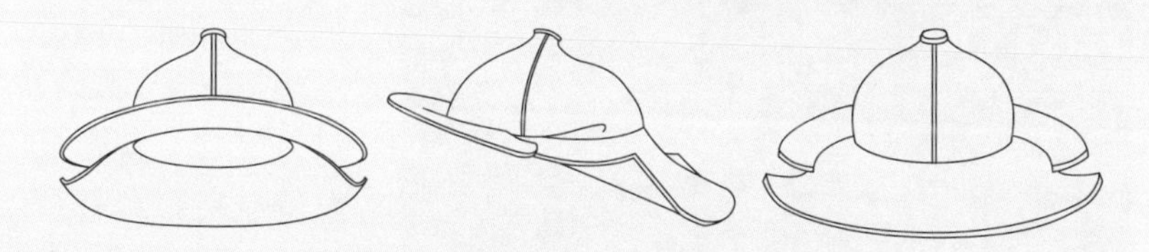

图 26　汪世显墓出土前圆后方帽示意

关于前圆后方帽的来历，《元史》中有记载，是忽必烈皇后察必的设计。“胡帽旧无前檐，帝因射日色炫目，以语后，后即益前檐。帝大喜，遂命为式。”[46] 就是说蒙古人的帽子本来没有前边的帽檐，元世祖忽必烈骑马射箭时因为日光炫目，皇后察必为他设计了这种前面加檐的帽子。他非常喜欢，就将这种式样固定下来，成为固定帽式，当即是我们现在讨论的前圆后方帽。[47]笔者认为这更像是一种历史传说与演绎。蒙古帽式"旧无前檐"的说法也不符合历史事实。一种成熟的帽式应该是在劳动人民长期适应自然环境和满足生产生活需要的过程中逐渐酝酿、产生和定型的。前圆后方帽的产生过程也应遵循这一路径。但无论如何，在蒙古入主中原的过程中，这种形制独特、实用效果显著的帽式应该引起了汉人的注意，这是当时形成这一传说的重要原因。

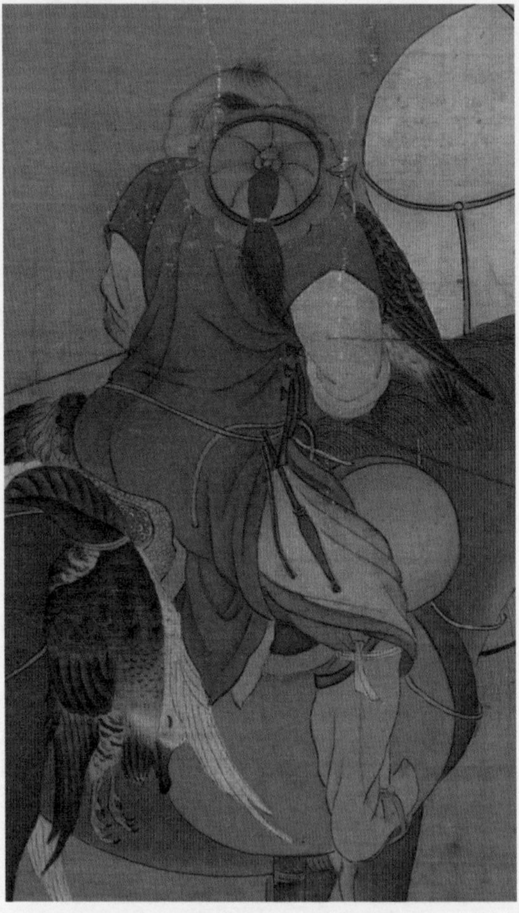

这种很实用的帽式很早就在蒙古上层集团内开始行用，这一点从著名的元代宫廷画至元十七年（1280）刘贯道绘《元世祖出猎图》中就可以一窥端倪。陪同忽必烈射猎的怯薛侍从中就有两位戴着前圆后方帽，一顶是褐色红缨的风帽，一顶是蓝色的风帽，并且帽缘为花边，十分精美（图27、图28）。

图27 《元世祖出猎图》中戴褐色红缨前圆后方帽的人物形象

图 28 《元世祖出猎图》中戴蓝色红缨前圆后方帽的人物形象

（四）方笠

前述各种蒙古帽式多是圆形帽，蒙元时代还有一种行用非常普遍的方形帽式。元明之际的士人宋濂曾经写道："会宋亡为元，更易方笠、窄袖衫。"[48] 明确将"方笠"和"窄袖衫"作为蒙元服饰的象征，故而服饰史学界把这种方形帽称为"方笠"。

图 29　方笠示意

方笠的帽体呈四方形，一般上窄下宽，顶小而平，贵重者可以装饰宝玉帽顶，普通者可缀帽缨，口部敞开形成帽檐，帽下可垂帽带。方笠形制整体类似一种方形喇叭，利于遮蔽日光，很有特色（图 29）。

关于方笠的起源，古代服饰研究成果中出现过多种说法。有人认为宋代即有此帽，[49] 有人认为是金代的女真帽式，[50] 有人认为是北方游牧民族一贯的帽式，拥有悠久的历史。[51]

这里有必要结合更多材料对这一问题做一些探讨。正如李莉莎所提到的，中古时期的北方草原考古成果中可以看到类似方笠的帽式形制。如 2011 年在蒙古国布尔干省巴彦诺尔发现的突厥时期的大型壁画墓，墓内共有 40 余幅壁画。其中在天井西壁一幅牵马图中可以看到牵马人物头戴一顶红色方形帽，帽上还有牌形装饰（图 30）。这种帽式与后世元代的方笠已经较为类似了。

我们在辽代墓葬壁画中可以看到一些更清晰的方笠形象。其中最为典型的就是 1985 年在内蒙古库伦旗发掘的七、八号辽代壁

图 30 蒙古国布尔干省巴彦诺尔突厥墓壁画中戴方形帽的人物形象

画墓。在墓道西壁所绘的契丹墓主人形象，其手捧一顶红色并带火形帽顶的方笠帽（原壁画见图 31，完整清晰摹本见图 32）。这一形象与后世元代人手持方笠的形象如出一辙。

图 31 内蒙古库伦旗辽墓壁画中手持方笠的契丹墓主形象

图 32 手持方笠的契丹墓主形象摹本

由此可见，方笠是一种有着悠久草原游牧传统的北方帽式，并非单纯的契丹帽式或女真帽式可以概括的。

虽然上文初步论证方笠早在蒙古兴起之前就已经长期存在了，但方笠行用的普遍还是与蒙古入主中原的关系甚大。这从蒙元时代各种图像资料中方笠的普遍出现可以看出。这一服饰现象在前代是基本没有见到的。

关于元代方笠的存世实物，考古发现中较早的就是1958年发掘清理的山西省大同市元代冯道真、王青墓出土的方形藤帽实物。[52]但因为时代久远，当时拍摄的黑白图片并不清晰。近年我们可以看到私人收藏的保存较为良好的丝织藤骨方笠实物（图33）。

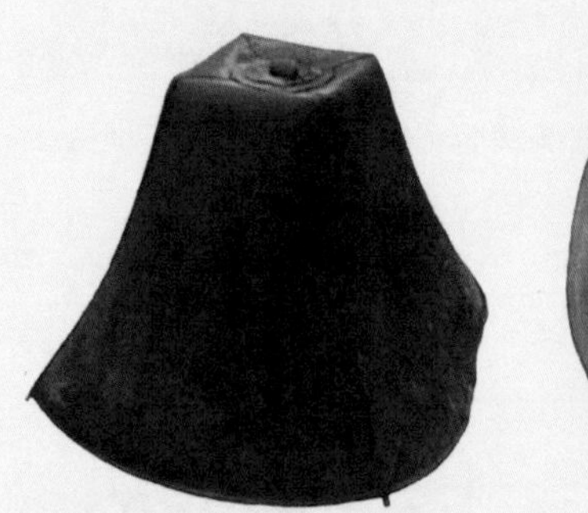
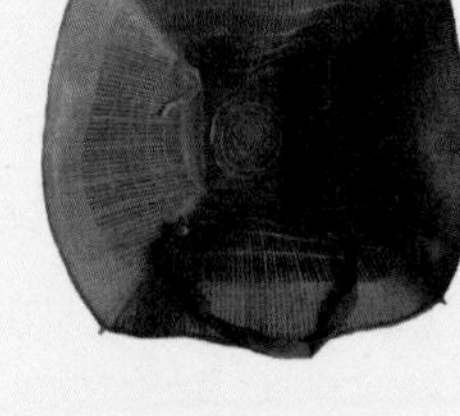

图33　丝织藤骨方笠传世实物

在蒙元时代多种类型图像资料中，我们可以看到大量的方笠形象。如前述陕西蒲城洞耳村元墓生动的墓主生活题材壁画中就有很多头戴各种颜色方笠的人物形象（图34、图35）。类似的，在山西兴县红峪村元墓壁画中也有头戴方笠的墓主形象（图36）。

方笠图像不仅出现在北方，伴随着元朝平定江南，方笠也传入南方地域。在南方出土的元墓壁画中也不乏方笠形象。其中较为典型的是1990年在福建省将乐县发掘的元代壁画墓，其中可以看到清晰的白黑两色的方笠形象（图37）。

图 34　陕西蒲城洞耳村元墓壁画中三个戴方笠的人物形象

图 35　陕西蒲城洞耳村元墓壁画中戴方笠的人物形象

图 36　山西兴县红峪村元墓壁画中戴方笠的墓主形象

图 37　福建省将乐县元墓壁画中戴方笠的人物形象

在《事林广记》的版画中，可以看到头戴方笠的多人形象。如《宴饮图》中，我们可以看到多人头戴黑色方笠（图 38）。而前引《双陆图》（局部）中的男侍从也是手捧主人的黑色方笠。在陕西出土的元俑中也可以看到头戴方笠的男俑（图 39）。在蒙元时代的域外图像史料中，我们同样可以看到方笠。如柏林国家图书馆藏《史集》插图中的伊利汗就头戴一顶带有花纹的华丽方笠（图 40）。

说到蒙元统治者所戴的华丽的方笠，就不得不提及故宫所藏的传为元画家周朗所绘《拂郎国献马图卷》明摹本。这幅画描绘了元顺帝后至元二年（1336）欧洲拂郎国向元廷贡献名马的历史事件。此画中元顺帝就戴着缀有帽缨和附有暖耳的花纹方笠帽（图 41），这已经到了元末时期。类似的，在元末群雄并起的江

图 38 《事林广记 · 宴饮图》中戴方笠的多人形象

图 39　西安元代刘黑马家族墓出土戴方笠的男俑

图 40 《史集》插图中戴方笠的伊利汗

图 41 《拂郎国献马图卷》（明摹本）中戴方笠的元顺帝

南，有民谣讥讽张士诚幕府中的谋士形象曰：“皂罗辫儿紧扎捎，头戴方檐帽，穿领阔袖衫，坐个四人轿。”[53] 可见头戴方笠帽到元末也是官员的普遍形象。

从世俗形象上来说，方笠与钹笠帽一样都是元代行用最为普遍的蒙古帽式。这在至顺年间建安椿庄书院刊本《事林广记》的《习跪图》中可以看出，这版《习跪图》中不再是两个人都戴钹笠帽，而是一人戴钹笠帽，一人戴方笠（图 42）。这样设计或是为了丰富画面的内容，但也从侧面反映出方笠在元代的行用之广泛。

图 42 《事林广记·习跪图》中戴方笠与钹笠帽的二人形象

（五）蒙古发式

北方草原游牧民族一向有剃发的传统。[54] 蒙古族群男性的传统发式在继承草原剃发传统的基础上又有自己的特点，容易引起外人的注意，故而中外多语言史料中保存的信息比较丰富。曾出使蒙古草原的南宋使臣赵珙在其所著《蒙鞑备录》中记载:“(蒙古)上至成吉思,下至国人,皆剃‘婆焦’,如中国小儿留三搭头,在囟门者稍长则剪之,在两下者总小角垂于肩上。”[55]就是说蒙古上下的发式类似中原幼儿的“三搭头”,脑门的头发留下,两鬓头发扎辫,其余头发基本剃去。这种发式被蒙古人称为“婆焦”。

类似的汉文史料记载还有很多。如《长春真人西游记》载:“(蒙古)男子结发,垂两耳。”南宋遗民郑思肖著《心史》所载蒙古发式曰:“鞑主剃三搭辫发……云‘三搭’者,环剃去顶上一弯头发,留当前发,剪短散垂,却析两旁发,垂绾两髻,悬加左右肩衣袄上,曰‘不狼儿’,言左右垂髻碍于回视,不能狼顾。”[56]比赵珙记载得更详细。

出使蒙古汗国的西方传教士加宾尼根据其亲见的蒙古发式留下了生动的记载:“在头顶上,他们象教士一样把头发剃光,剃出一块光秃的圆顶,作为一条通常的规则,他们全都从一个耳朵到另一个耳朵把头发剃去三指宽,而这样剃去的地方就同上述光秃圆顶连结起来。在前额上面,他们也都同样地把头发剃去二指宽,但是,在这剃去二指宽的地方和光秃圆顶之间的头发,他们就允许它生长,直至长到他们的眉毛那里;由于他们从前额两边剪去的头发较多,而在前额中央剪去的头发较少,他们就使得中央的头发较长;其余的头发,他们允许它生长。象妇女那样,他们把它编成两条辫子,每个耳朵后面各一条。”[57]稍后出使的鲁不鲁乞也记载道:“男子们在头顶上把头发剃光一方块,并从这个方块前面的左右两角继续往下剃,经过头部两侧,直至鬓角。他们也把两侧鬓角和颈后(剃至颈窝顶部)的头发剃光;此外,并把前额直至前额骨顶部的头发剃光,在前额骨那里,留一簇头发,下垂直至眉毛。头部两侧和后面,他们留着头发,把这些头发在头的周围编成辫子,下垂至耳。”[58]

结合文献记载与历史图像资料，我们基本可以明确这种发式的编制方法：先在头顶正中交叉剃开两道直线，然后将脑后部分头发全部剃去，正面部分或剃去或加工修剪成各种形状（如方形、狭条形、尖角形、寿桃形等），任其自然地覆盖于额间，形成“刘海”。有的还会将左右两侧头发编成辫子，结环下垂，披搭于肩。明初叶子奇所谓“（元朝官民）其发或辫，或打纱练椎”，[59] 即是这个意思。此外，郑思肖还记载蒙古发式“或合辫为一，直拖垂衣背”，[60] 点出蒙古发式中也有背后垂一条辫子的情况，这或许是受到金代女真发式影响的结果。

这里有必要简单说明一下蒙古发式与辽代契丹发式的区别。契丹发式也是一种剃发，根据现在发现的大量辽墓壁画和辽代绘画材料，我们可以看到契丹发式与蒙古发式存在一些细节的不同。如契丹发式一般不保留脑门上的一块头发，没有蒙古发式那样的“刘海”。而且两鬓的头发也多自然垂下，不像蒙古发式做编发结环的处理。契丹发式的脑后头发也几乎全部剃去，并不像蒙古发式保留头发相对多一些（图 43、图 44）。

图 43　辽墓壁画中的契丹发式（摹本）

图44　五代胡瓌《出猎图》（局部）中的契丹发式

在元代图像材料中，我们可以看到大量留蒙古发式的人物形象。在本书展示的很多元代蒙古人头戴各式帽冠的形象中，常可以看到帽檐下露出的他们前额的"刘海"和两肩上结环的发辫。还有一些图像史料中，元人是不戴帽冠的，这样可以更清晰地看到他们的发式全貌。如在《事林广记·双陆图》中，我们就可以看到不戴帽冠、露出发式的三人，其中一个还是垂辫于后的发式（图 45）。

在各地的元代墓葬或石窟壁画中，我们也能有所得。比如在陕西省蒲城县和福建省将乐县发掘的元墓壁画中，我们都能看到类似的不戴帽冠、露出蒙古发式"婆焦头"的人物形象（图 46）。

在敦煌石窟的元代壁画中我们也可以看到留蒙古发式的人物，不过稍有不同的是，他们没有额前的"刘海"（图 47）。由此可见

图 45 《事林广记·双陆图》中留蒙古发式的众人

图 46　元墓壁画中的蒙古发式“婆焦头”

蒙古发式“婆焦头”的其他类型。

图 47　敦煌石窟元代壁画中留蒙古发式的人物形象

元朝统治的百十年间，蒙古人与汉人长期混居，但发式没有很大变化，可知其民族发式特征坚持得比较好。若从历史常理上推断，作为上层统治族群的发式，蒙古发式对汉族之影响自然也就长期存在。如前引《俞先生墓表》所言，很多汉族士人为了取悦蒙古统治者，获得政治前途，纷纷“效其语言容饰”。其中仿效的一个重要外貌特征自然就是蒙古人特有的发式。明初史料中也曾记载元代“为士者辫发短衣，效其言语衣服”，目的就是“以自附于上，冀速获仕进”，[61]明确透露出元代汉族人群曾经模仿蒙古发式进行编发。前述元末江南民间讽刺张士诚幕府文人形象的歌谣首句就是“皂罗辫儿紧扎梢”，有可能即指采用蒙古发式进行两鬓编发。

与此同时，蒙古发式也伴随着蒙古汗国的扩张散播到各处。在东亚，朝鲜半岛的高丽时期纪传体史书《高丽史》中就记载，忠烈王四年曾“令境内皆服上国衣冠，开剃。蒙古俗，剃顶至额，方其形，留发其中，谓之‘开剃’”。[62]在中西亚，《史集》的很多插图中有当地的蒙古统治者垂于两侧的结环发辫形象（图 48）。

图 48 《史集》插图中垂有结环发辫的蒙古人物形象

（六）辫线袄

除了前述的多种帽式，元代蒙古衣服形式中还有丰富的种类式样，其中最能彰显游牧服饰形制特色、遗留文献记载和图像材料最为丰富以及对后世影响最为深远的袍服类型就是辫线袄。关于辫线袄的名字由来及其基本特征，《元史·舆服志》给出了答案。“辫线袄，制如窄袖衫，腰作辫线细折。”[63] 辫线袄由此得名。但这一简单的描述可能还不够清晰，结合蒙元时代更多材料的记载，我们可以了解得更加准确。

曾出使蒙古的南宋使臣徐霆在为彭大雅《黑鞑事略》所做注释中记载他见到的蒙古人袍服：“腰间密密打作细折，不计其数。若深衣，止十二幅，鞑人折多耳。又用红紫帛撚成线，横在腰上，谓之‘腰线’，盖欲马上腰围紧束突出，采艳好看。”[64] 这告诉了我们更多辫线袄的形制细节。

结合更多辫线袄的实物材料和图像史料，我们可以得出蒙元辫线袄的基本形制和设计缘由。辫线袄通常以纻丝织锦制作，有交领和圆领两种类型，右衽窄袖，腰部紧束，下长过膝，袍下摆宽大。辫线袄最显著的特征是腰间有用红、紫等鲜艳彩丝捻成的细线，如同编辫子方法编结而成的细密辫线，横缀于腰，宋元时人称作“腰线”。辫线袄的下摆往往有密密的细褶，这颇有点类似现代女性的百褶裙（图 49）。

图 49　蒙元辫线袄示意

蒙古辫线袄形成如此复杂甚至“华丽”的造型和工艺，原因就是为了便于骑马射箭。辫线袄上身保持紧窄合体，使人在骑马时手臂灵活自由，运动自如；下摆的密褶宽松，易于骑乘。腰间横着的紧密腰线本身可以束腰，但又保持较大的伸缩性，便于马上驰骋，最重要的是在高速运动中既可以保护内脏，又可以增加对腰部的支撑力，使穿者在骑马射箭时更为舒适。这便是明代史料记载的辫线袄“攒束以便上马”[65]的深层意涵。辫线袄特殊形制的形成与游牧民族的马上生产生活形态密不可分，体现了草原人群的生活智慧。

蒙古入主中原和平定江南以后，复杂华丽的辫线袄给南北汉人留下了深刻的印象。《草木子》中言“北人华靡之服”的第二个特征就是“袄则线其腰”。[66]

辫线袄作为一种形制复杂、史料丰富的蒙元袍服，历来被蒙元史学界和服饰研究界所重视，研究成果也较为丰富。学者多从历史和服饰工艺研究等不同角度解读辫线袄的历史信息。[67]

而学者根据存世蒙元辫线袄的各种材料，还发现有一种腰间攒有细密腰线，但下摆没有密褶的元代袍服。这便与一般认为的辫线袄形制不大相同。因此服饰学界有学者提出这类袍服应该称为“腰线袄”。“辫线袄”和“腰线袄”则可以合称为“断腰袍”。[68]

笔者认为，以上是服饰研究学界从服装本身的特点出发所下的定义。从蒙元历史本位来说，在元史语境内概括各类有细密腰线袍服式样的合适名词仍然是“辫线袄”，因此本书仍然以“辫线袄”叙述这一类型的马上袍服。

《元史》中对于辫线袄最主要的记载就是作为宫廷仪卫和乐师

的标准“制服”。《元史·舆服志》载:“领宿卫骑士二十人……皆弓角金凤翅幞头,紫袖细折辫线袄……供奉宿卫步士队……皆弓角金凤翅幞头,紫细折辫线袄……宫内导从……佩宝刀十人,国语曰‘温都赤’。分左右行,冠凤翅唐巾,服紫罗辫线袄。”[69] 说明元朝宫廷里的仪仗卫士多身着细折辫线袄。结合明代的宫廷宿卫辫线袄形制图像资料,可以复原这种宫廷辫线袄是一种紫褐色的圆领辫线袄(图50、图51)。而元廷乐工的制服则是“制以绯锦,明珠琵琶窄袖,辫线细折”。[70]

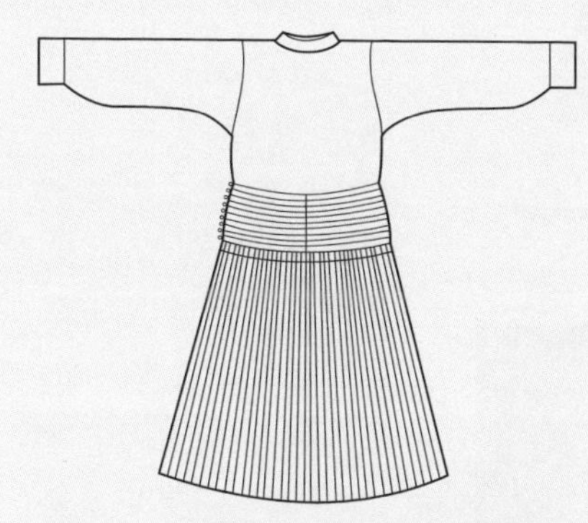

图50 元朝宫廷宿卫所穿辫线袄线稿示意

图51 元朝宫廷宿卫所穿着色辫线袄示意

如前所述,辫线袄是蒙元袍服中遗留材料最为丰富的式样之一,无论是实物还是图像材料中都可以看到辫线袄的资料。这一方面是由于辫线袄非常适合马上骑射活动的需要,另一方面也由于辫线袄本身细密的腰线和下褶造成的复杂形制格外引人瞩目。

各大古代服饰收藏机构中就有不少蒙元辫线袄的实物。经过文物工作者的精心修复,很多辫线袄的实物可展现给世人良好的状态。

如1978年内蒙古包头市达茂旗大苏吉乡明水村出土了一批蒙

图 52　内蒙古出土元代纳石失辫线袄实物照片一

图 53　内蒙古出土元代纳石失辫线袄实物照片二

元时期的丝织品，[71]据考证，这是成吉思汗建国前蒙古汪古部的一处墓地。其中出土的纺织品有织金锦袍 1 件。这件织金锦袍呈黄褐色，交领右衽窄袖，下摆肥大拖地，腰间有密密细褶。经研究，是用钉线法绣有 54 对，一共 108 根辫线作为束腰。这件袍服的主要面料采用方胜联珠宝相花纹织金锦，织金锦即《元史》中的“纳石失”，即叶子奇叙述过的：“（元代）衣服贵者用浑金线为‘纳失失’。”[72]这件袍服图案中有头戴王冠的人面狮身形象，体现出极强的中西亚艺术风格。从形制类型来看，这是一件没有细褶下摆的辫线袄（图 52、图 53）。

此外，存世文物中也有保存良好的下

摆有密密细褶的元代辫线袄实物，如《中外服装史》中展现的一件元代滴珠奔鹿纹纳石失辫线袄（图 54）。据学者统计，下摆有 224 个褶皱，十分华丽。

图 54　下摆有细褶的元代滴珠奔鹿纹纳石失辫线袄实物

在这类辫线袄的腰线细部，可以看到其用来打结紧束的绢带，展示图片中有绢带展开和打结两种情况（图 55）。

根据实物和图像材料，还可发现一种腰部有纽扣的辫线袄（图 56），即在袍服腰线中央订有竖排纽扣。或是为了牢固兼美观的需要（图 57）。

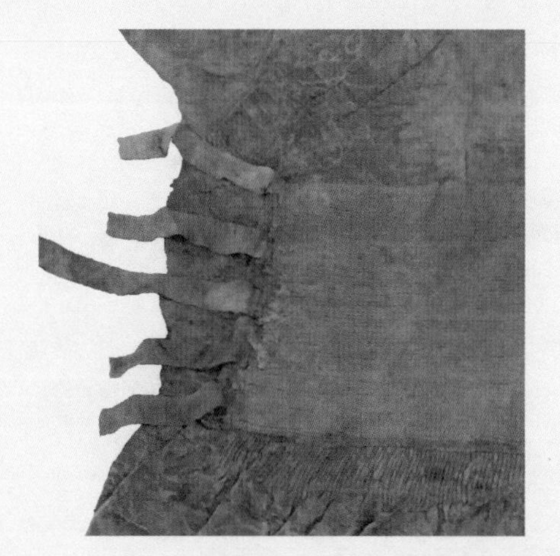

图 55　元代辫线袄腰线部绢带展开和打结细节

图 56　腰部有纽扣的辫线袄

图 57　元代辫线袄腰线部纽扣与缝织细节

除以上图像资料外，还有一件文博机构收藏的元代高等级辫线袄实物较为知名，那就是中国丝绸博物馆所藏的肩挑日月辫线袄。

此袍面料为缠枝花卉纹绫，原仅存左肩一片。除腰线细褶等基本特征外，更突出的是左肩上用蹙金绣绣有云纹和月亮，月亮中有一玉兔。由此推测，其丧失的右肩部分当应有一日纹，日中有一金乌。这件辫线袄经过文物工作者修复，焕然一新（图 58）。这就与《黑鞑事略》中所载蒙古贵族袍服“纹以日月龙凤”相吻合。

图 58　中国丝绸博物馆所藏元代肩挑日月辫线袄实物

除了保存完好的辫线袄实物外，元代绘画中不乏辫线袄的形象，其中还有蒙元统治者身上所着的高等级辫线袄。如《元世祖出猎图》中忽必烈在银鼠白鼬大衣之下所穿的正红色纳石失龙袍。如果仔细端详其衣着，会发现忽必烈所穿的其实也是辫线袄（图59），只是腰线和龙袍均为红色，颜色接近，还被宝石腰带遮住了一部分，因此导致腰线部分不大清晰，容易被人忽略。

古代服饰研究者认为这便是元代文献中所载的“缠身大龙”

图 59 《元世祖出猎图》中身穿红色纳石失辫线龙袍的忽必烈

图 60　蒙元缠身辫线龙袍示意

图 61　陕西蒲城洞耳村元墓壁画中穿辫线袄的墓主形象

袍服，[73]并绘制有精细的线稿复原图（图60）。

在各地出土元墓壁画中同样可以看到很多辫线袄的形象。如同其他蒙元衣冠服饰一样，陕西蒲城洞耳村元墓壁画中也有大量辫线袄的图像。如墓主夫妻对坐图中身着辫线袄和头戴红缨后檐帽的墓主形象（图61），还有宴饮图中身着辫线袄饮酒起舞的两个人物形象（图62）。从壁画中可以明显看出这些辫线袄的腰线部分是鲜艳的红色，以与袍身区分开来。这与前面展示的忽必烈辫线龙袍一样，从图像层面印证了史料中所载的辫线袄的腰线使用“红紫帛撚成线”，以在马上“采艳好看”。

与此类似，济南历城区元墓壁画《男仆启门图》中的男仆形象也

图 62　陕西蒲城洞耳村元墓壁画中穿辫线袄的两个人物形象

是身穿鲜艳颜色腰线的辫线袄，头戴红色钹笠帽（图 63）。

图 63　济南元墓壁画中的《男仆启门图》（局部）

在目前出土最丰富的陕西元俑中，我们可以看到更加立体的辫线袄的形制。如 2005 年在西安发掘的元代耀州同知王世英墓中出土了几十尊造型精美的陶俑，其中不乏身着辫线袄的男侍从俑。如一尊骑马急递驿使俑，头戴红缨钹笠帽，背负一件红色长方形盒匣，身上便穿着一件辫线袄，这件辫线袄的腰线与下褶都十分清晰（图 64、图 65）。这尊骑马俑整体雕刻精细，动作生动，充分体现了辫线袄“戎马之服”的形制特点，是陕西出土的众多元

图 64　陕西出土身着辫线袄的元代骑马俑（正面）

图 65　陕西出土身着辫线袄的元代骑马俑（背面）

代陶俑中一件不可多得的精品。

图 66　赵雍《人马图》中身着辫线袄的牵马者

在元代传世绘画中我们也可以看到或静态或动态的辫线袄形象。如赵孟頫之子赵雍所绘《人马图》中有一位西域胡人形象的牵马者，其身着的便是一件下摆有细褶的辫线袄（图 66）。

而在台北故宫博物院所藏元人绘《射雁图》中，我们可以看到多名身着辫线袄的蒙古骑马猎手形象。这些猎手动作各异，神情生动，或弯弓射雁，或擎鹰奔驰，或仰天观望。所有旁观的猎手都在屏息等待着这一箭的离弦，似乎全画描绘的气氛都凝结在这箭在弦上，蓄势待发的瞬间（图 67）。这是一幅十分精彩的元代射猎题材绘画。我们可以看到这些猎手多数身穿辫线袄，而且束腰的腰线部分在后腰还有一竖排纽扣予以固定，展现了更多辫线袄的细节特征。

除元代绘画以外，元代书籍版画中的辫线袄形象同样具有很高的辨识度。如前文多次引用过的《事林广记》插图版画中就有优良的辫线袄图像。多种元刻本的《事林广记·步射总法》图都是介绍步行射箭的基本知识。在这一部分插图中，演示射箭方法的都是身穿辫线袄、头戴各式蒙古帽式的武人形象（图 68、图 69）。类似的书籍版画，还有元至正重刊本药籍《大观本草》的插图《海盐图》，其中我们可以清晰地看到一个身穿辫线袄的监

图 67 《射雁图》中四位身穿辫线袄的蒙古猎手形象

图 68 建安椿庄书院本《事林广记·步射总法》中身穿辫线袄、头戴方笠的元代武人形象

图 69 西园精舍本《事林广记·步射总法》中身穿辫线袄、头戴卷檐帽的元代武人形象

督海盐生产的小吏形象（图70）。

图70 《大观本草·海盐图》中身穿辫线袄的人物形象

检寻更多元代书籍版画的材料，还会发现一些多人身穿辫线袄的现象，直观地展示了身着辫线袄的群体形象。如现藏于德国柏林印度艺术博物馆（Museum für Indische Kunst），编号为 MIK Ⅲ 4633a 的佛经版画残片《元代畏兀儿蒙速速家族供养图》。蒙速速即元代文献中记载的元世祖忽必烈的近臣——畏兀儿人孟速思。这幅版画上印制了该家族几十位男女成员形象。其中包括孟速思在内的两排男性成员均着蒙古衣冠，留婆焦头，戴后檐帽。更引人注意的是，他们皆身穿腰线细密的辫线袄（图71）。这幅版画虽然是残片，但刻印精美，因此有研究者认为这一版画是在汉地，尤为可能是在大都刻印的。

图71 《元代畏兀儿蒙速速家族供养图》（局部）中身穿辫线袄的众多人物形象

德国藏编号为 U3904 的元代回鹘语佛经版画《佛本生故事变相》残片中也有很多身穿辫线袄、头戴黑色方笠的人物形象，反映了蒙元时代西域地区人物的普遍穿着（图 72）。

图 72　元代回鹘语佛经版画《佛本生故事变相》残片中身穿辫线袄、头戴方笠的众多人物形象

除了前述元代西域版画外，元代版画中展现多人身穿辫线袄的经典图像亦出现在元代刊刻的讲史话本《全相平话五种》中的《全相秦并六国平话》一书中。画中用众多身穿辫线袄的人物形象来代表“匈奴人”（图 73），反映出元代对于辫线袄作为北方民族马上之服的基本认知。

图 73 《全相秦并六国平话》插图中身穿辫线袄的“匈奴人”形象

（七）答忽与半臂

“答忽”，在元代又译作“搭忽”“答胡”“搭护”“搭䙱”“答呼”“搭背”等等，源自蒙古语 daqu，[74] 是元代蒙古人服装中的一

种皮袄。《蒙古秘史》记载蒙古贵族穿的是黑貂答忽、银鼠答忽，一般平民穿的是羊皮、羊羔皮制成的答忽。[75]而皮制的“质孙服”习惯上也被称为“答忽”。如“天子质孙，冬之服凡十有一等……服银鼠，则冠银鼠暖帽，其上并加银鼠比肩。(俗称曰襻子答忽)”。[76]《元史语解》卷二四《名物门》曰：“答呼，皮端罩也。”属于无袖皮背心之类，即有扣襻的无袖上衣。另一种答忽是较为常见的毛皮外套，如翟灏注解郑思肖诗曰：“‘鬃笠毡靴搭护衣，金牌骏马走如飞。十三门里秋光冷，谁梦朝天喝道归。’搭护，元衣名。俗谓皮衣之表里具而长者曰‘搭护’，颇合郑诗意。”[77]

元代，答忽由蒙古人带入了汉地，在汉人中即有传播。元杂剧中留下了大量关于这种衣物的记载。元代秦简夫所写杂剧《赵礼让肥》第一折曰：“我则见他番穿着棉纳甲，斜披着一片破背搭。你觑他泥污的腌身分，风梢的黑鼻凹。”[78]这说明元代汉人也有穿“破背搭”的，即答忽。

值得注意的是，原本出现于草原以皮毛为制作材料的答忽，在传入汉地后产生了新的式样。武汉臣《生金阁》第三折末白：“孩子吃下这杯酒去，又与你添了一件绵搭襻么。”张国宾《合汉衫》第一折《天下乐》曰：“嗨！俺婆婆也姓赵，五百年前安知不是一家？小大哥，将十两银子，一领绵团袄来。”[79]《争报恩三虎下山》楔子曰：“聚义的三十六个英雄汉，那一个不应天上恶魔星。绣衲袄千重花艳，茜红巾万缕霞生。肩担的无非长刀大斧，腰挂的尽是鹊画雕翎。”同剧第一折《村里迓鼓》曰：“他笑里有刀哩，正是贼。(正旦云：)你道他是贼啊，(唱：)他头顶又不、又不曾戴着红茜巾、白毡帽；他手里又不曾拿着粗檀棍、长朴刀；他身上又不穿着这香绵衲袄。”[80]这里提到的“绵搭襻”“绵团袄”“绣衲袄”，实际上与蒙古族的答忽名异而实同，是中原特定环境中产生的以棉为材料的汉式答忽。这说明原本以毛皮为材料的蒙古答忽，在汉地结合了农耕地区的特点，产生了新的式样。

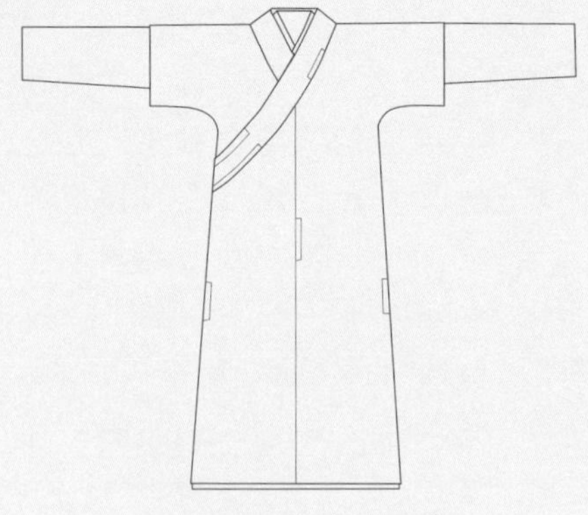

图 74　元代半臂示意

这是蒙古服饰对汉人产生影响的衍化发展。

元代的答忽还有一种行用十分普遍的式样，那就是类似前代的“半臂”形制（图 74）。这种半臂长袍在元代男女身上多所行用，当是由于半臂适合手臂活动，便于蒙古人马上骑射。前引郑思肖诗歌：“鬃笠毡靴搭护衣，金牌骏马走如飞。”或正描绘了一个骑马之人身着半臂答忽，骑马驰骋的形象。

图 75《元大威德金刚曼荼罗》中织造的元明宗与元文宗御容

元代图像史料中关于这种半臂答忽的形象也非常多。典型者如美国大都会艺术博物馆藏缂丝唐卡《元大威德金刚曼荼罗》中织造的元明宗与元文宗御容。两位兄弟皇帝并肩而跪，双手合十祈佛，分别身着蓝、白两色的金锦半臂答忽龙袍（图75）。人物形象栩栩如生，可见元代纺织技术之高。

图76　元末程观保坐像（局部）

在元代传世绘画中，我们也可以看到身着半臂答忽的形象。如安徽博物院所藏元末徽州商人程观保的坐像是一幅典型的元人肖像画，色泽、质感与完整程度都较好。画中程观保头戴垂有披幅的黑色钹笠帽，下垂帽珠，披幅背后有织品花纹，身着一件青绿色的半臂长袍。身后男仆也戴一顶有楞纹的钹笠帽（图76）。类似的，吉林省博物院所藏元代《相马图卷》中也有身着半臂答忽，头戴钹笠帽和后檐帽的元人形象（图77）。

全国各地的元墓壁画中同样出现了大量身穿半臂答忽的人物形象。典型者如2019年在山东章丘发掘的元代壁画墓，在开芳宴壁画中可以看到身着半臂答忽、头戴大檐钹笠帽的墓主形象（图78）。在2017年河南南阳发掘的元代墓壁画开芳宴中同样可以看到这类形象（图79）。

在蒙元时代的域外史料中，我们也可以看见半臂答忽的广泛行用。如法国国家图书馆所藏巴黎本《史集》插图中就有大量身着半臂长袍的蒙古人形象，其中有的半臂袍胸前有龙纹或者其他花纹（图80）。

图 77　元代《相马图卷》中身着半臂答忽的元人形象

图 78　山东章丘元代墓壁画中身穿半臂答忽的墓主形象

图 79　河南南阳元墓壁画中身穿半臂答忽的墓主形象

图 80　巴黎本《史集》插图中身着半臂长袍的众多蒙古人形象

（八）质孙

元代宫廷中最具特色的服饰当数质孙，其是一种大宴之服。对于元代的“质孙”服，已往的元史和服饰史研究论著已多有涉及。[81]元代官方政书《经世大典》中记载：“国有朝会庆典，宗王大臣来朝，岁时行幸，皆有燕飨之礼……与燕之服，衣冠同制，谓之质孙，必上赐而后服焉。”[82]“国家侍内宴者，每宴必各有衣冠，其制如一，谓之只孙，悉以赐之。”“只孙服者，贵臣见飨于天子则服之。”[83]由此可知，质孙是元代宫廷大宴中皇帝赐给大臣所穿的衣服，想必汉臣参加宴会也是要穿的。或许汉地社会中也有所习染。

对于“质孙”的具体情况，有必要进行一些解释。“质孙”，是蒙古语 Jisun（意为颜色）的音译，又译“只孙”“济逊”“直孙”“积苏”等；另称为“诈马”，是波斯语 Jamah（意为外衣、衣服）的音译，指宫廷宴会上君臣共穿的一色服装。其起源甚早，加宾尼在蒙古汗国参加贵由汗（元定宗）即位大典时，对这种宴会服装留下了一些记载：“第一天，他们都穿白天鹅绒的衣服；第二天——那一天贵由来到帐幕——穿红天鹅绒的衣服；第三天，他们都穿蓝天鹅绒的衣服；第四天，穿最好的织锦衣服。”[84]蒙古的宗王将臣们每日都更换一次衣服，每天都保持颜色统一，且天天不同。进入中原后，这种习俗在宫廷里延续了下来。《元史·舆服志》载：“质孙，汉言一色服也，内庭大宴则服之。冬夏之服不同，然无定制。凡勋戚大臣近侍，赐则服之。下至于乐工卫士，皆有其服。精粗之制，上下之别，虽不同，总谓之质孙云。”[85]马可·波罗在其行纪中对这种“一色服”也有大篇幅描写：“大汗于其庆寿之日，衣其最美之金锦衣。同日至少有男爵骑尉一万二千人，衣同色之衣，与大汗同。所同者盖为颜色，非言其所衣之金锦与大汗衣价相等也。各人并系一金带，此种衣服皆出汗赐，上缀珍珠宝石甚多，价值金别桑（besant）确有万数。此衣不止一袭，盖大汗以上述之衣颁给其一万二千男爵骑尉，每年有十三次也。每次大汗与彼等服同色之衣，每次各易其色，足见其事之盛，世界之君主殆无有能及之者也。”[86]

综上所述，我们知道质孙服的形制特点是“一色服”，并且大宴之上君臣所穿形制相同，区别仅在精粗上，但并无特定款式。[87]

质孙服“必上赐而后服焉”，“必经赐兹服者，方获预斯宴，于以别臣庶疏近之殊”。[88]因此赏赐质孙服在元代政治生活中算是一件大事，对于被赏赐者来说也是极大的荣耀。因此元人碑传中对赏赐质孙服之事多有记载，[89]此外《元史》中对此记载也颇多。[90]由以上可见质孙服在元代统治上层的影响之大，亦可见质孙服在元代已不断在扩展行用范围。

（九）系腰

元代蒙古人穿袍服，还要在服外系一条彩带，颜色与袍子相协调，称为“系腰”。一般认为其古代蒙古语拼写形式为 Büsele。[91]欧洲传教士鲁不鲁乞就曾描述蒙古妇女：“她们用一块天蓝色的绸料在腰部把她们的长袍束起来。”[92]这是蒙古人特有的装束习惯，故叶子奇称：“帽子系腰，元服也。”[93]那么随着蒙元势力占领汉地南北，这种束袍的系腰出现在汉人的视野里，它在汉地有没有产生影响呢？

元人孔齐记载：“浙西好事者往往竞置，以为美玩。或酒杯，或系腰，或刀靶，不下数十，定价过于玉。盖以玉为禁器不敢置，所以玛瑙之作也。”[94]作者本欲说玛瑙之事，却无意中向后人透露出一些系腰在汉人中存在的有关信息。江南之人既已熟知和使用系腰并用玛瑙装饰，可见这种蒙古装束是有相当大的传播范围的。

（十）兀剌靴

兀剌是蒙古人穿的一种皮靴，“兀剌”是古代蒙古语 ula 的音译。[95]《元朝秘史》（即《蒙古秘史》）第 254 节：“兀剌”旁译为“脚底”，是一种适于骑马的靴样。明代的翻译工具书《华夷译语·身体门》载：“脚底作‘兀剌’。”[96]《鞑靼译语·衣服门》：“靴底作‘古堵速五剌’。”[97]可见，“兀剌”原指“脚底”“靴底”，后引申为一种靴子的名称。兀剌靴原是蒙古庶民穿的一种靴子，入元后，汉族人民也渐渐习惯于穿这种靴子，成为一时风尚。元代戏曲作品中有十分明显的描述。无名氏杂剧《渔樵记》第二折：“投到你做官，直等的那日头不红，月明带黑，星宿晰眼，北斗打呵欠，直等的蛇叫三声，狗拽车，蚊子穿着兀剌靴。”《杨六郎调兵破天阵》头折净白：“发垂双练狗皮袍，脚穿兀剌忒情操。”《宋大将岳飞精忠》楔子铁罕白：“赢了的赏，输了的罚，一人一双歪兀剌。”高安道皮匠说谎套：“初言定正月终，调发到十月一。新靴子投至能够完备，旧兀剌先磨了半截底。”[98]这都说明蒙古的靴子式样对汉族服饰产生了影响。

（十一）云肩

关于云肩的最早记载始见于《金史》。《金史·舆服志》载：“又禁私家用纯黄帐幕陈设，若曾经宣赐銮舆服御，日月云肩，龙文黄服，五个鞘眼之鞍皆须更改。”[99]可见在金代，绘有日月的云肩只有皇家才能服用。而从吉林省博物院藏金代画家张瑀所绘《文姬归汉图》中，我们可以清晰地看到金代云肩的形制（图 81）。金代云肩的性质类似今天女性所用的披肩，作云朵状，但在当时男女皆可使用。

入元后，云肩并没有销声匿迹，而是被蒙古服饰吸收，在上达宫府、下至民间的广阔社会空间中继续存在。因此可以视为蒙古服饰吸收前代北方民族服饰的一个范例。如《元史·舆服志》

中载："衬甲，制如云肩，青锦质，缘以白锦，衷以毡，裹以白绢。云肩，制如四垂云，青缘，黄罗五色，嵌金为之。"[100]这一记载不但说明云肩被用于元廷大内的仪卫服色，而且提供了云肩形制的简约信息："制如四垂云。"而云肩在民间流传的情况，《元典章》中的记载可以提供有力的证明。其载曰："云肩襕袖机：一张用熟线七斤三两二钱。"[101]民间存在制造云肩的织机，可以证明云肩在汉地百姓中也在行用。

图 81　金代绘画《文姬归汉图》中身披云肩的蔡文姬形象

关于元代云肩的形象资料，我们可以在考古发现中找寻。敦煌莫高窟壁画中的元代供养人画像和内蒙古正蓝旗发现的石雕人像上都留下了云肩的踪影。资料显示，元代的云肩已经从一种外披衣物演变为外衣上四垂云状的装饰图案，可以在辫线袄等袍服上看到。在存世的元代袍服实物上，就可发现肩头装饰有云朵的图案（图 82）。

图 82　元代云肩袍服

元朝势力退出中原之后，云肩在汉族人群中留存了下来，甚至影响到明朝皇室龙袍这类最高级的汉族服装，进而出现了明代的“云肩龙袍”。

在山东邹城，朱元璋第十子鲁荒王朱檀墓出土的云肩襕袖龙袍上（图 83），我们可以清楚地看到盛行于元代的云肩图样对明代龙袍的影响：袍上的升龙图案正附在四垂云云肩图案的四朵云头之上，并且龙的周围绘有如意云纹，腰部即为传承于辫线袄的腰线。

图 83　明鲁荒王朱檀墓出土的云肩襕袖龙袍

由此可见，云肩可算蒙元时代服饰文化对汉族服饰影响的一个绝佳例证。

（十二）罟罟冠

罟罟冠是蒙元时期蒙古贵族妇女常戴的一种高耸的华丽冠

饰（图84）。“罟罟”源自蒙古语Boqta，[102]音译为“孛黑塔”，一说本意为“贤明”。在汉文文献中又写成“故故”“姑姑”“固姑”“故姑”“顾姑”。

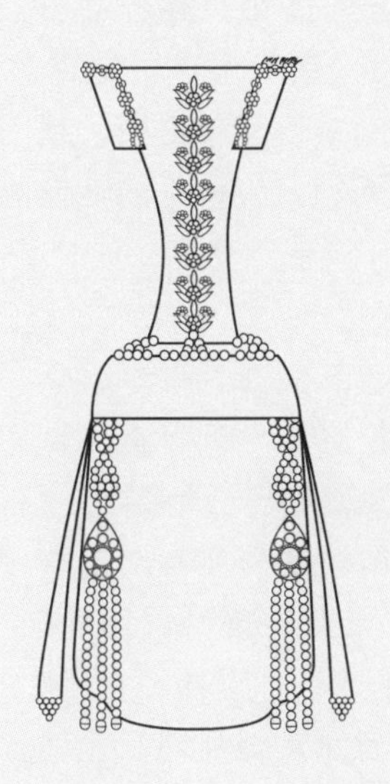
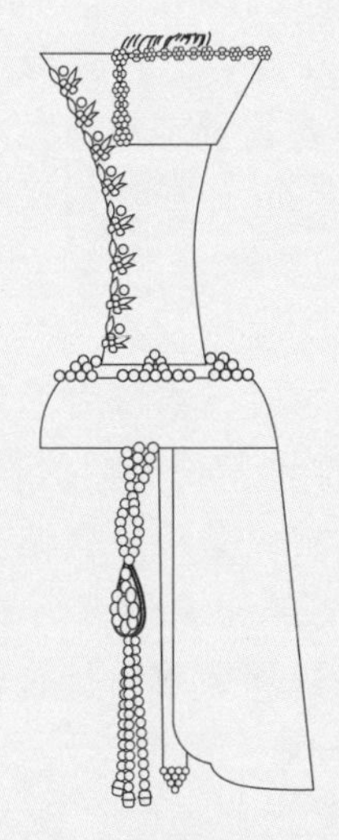
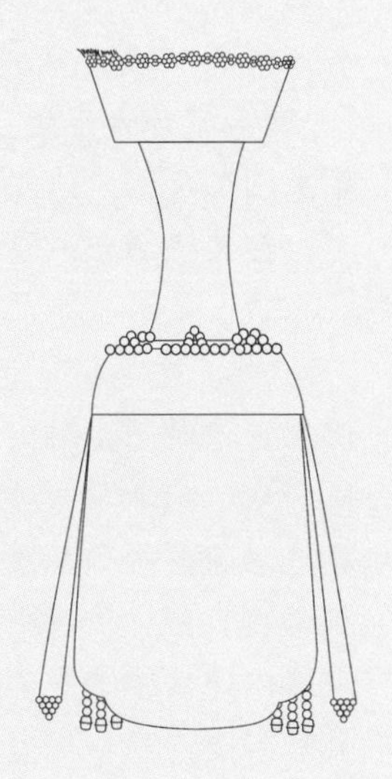

图84　罟罟冠示意

《蒙古秘史》第74节记载成吉思汗母亲诃额仑的事迹曰：“泰亦赤兀惕氏兄弟们，把寡妇诃额仑夫人、幼子等母子们抛弃在营盘里，迁走了。妇人诃额仑夫人生来能干，她抚育幼小的儿子们，紧系其固姑冠，以腰带紧束其衣。”[103]可见，罟罟冠已是一种蒙古已婚贵族妇女所戴的冠帽。罟罟冠的形制特异，因此在中外史料中留下了大量记载。已知最早的汉文记载见于李志常《长春真人西游记》，其云：“妇人冠以桦皮，高二尺许，往往以皂褐笼之，富者以红绡，其末如鹅鸭，名曰‘故故’，大忌人触，出入庐帐须低回。”[104]同时代出使蒙古的赵珙在《蒙鞑备录》中也写道：“凡诸酋之妻，则有顾姑冠，用铁丝结成，形如竹夫人，长三尺许，用红青锦绣或珠金饰之，其上又有杖一枝，用红青绒饰之。”时间稍后的另一位南宋使臣彭大雅在《黑鞑事略》中记道：“其冠，被发而椎髻，冬帽而夏笠，妇人顶故姑。”徐霆作疏曰：“霆见‘故姑’之制，用画木为骨，包以红销金帛，顶之上用四五尺长柳杖，或铁打成杖，包以青毡。其向上人则用我朝翠花或五采帛饰之，令其飞动。以下人则用野鸡毛。”[105]元代，罟罟冠在汉族上层当有所流行，成为汉地贵妇们的一种普通帽冠。《草木子》中记道：“元朝后妃及大臣之正室，皆带姑姑，衣大袍，其次即带皮帽。姑姑高圆二尺许，用红色罗盖。”[106]这间接说明元朝汉人大臣的妻室至少在某些场合也要戴罟罟冠。

《析津志辑佚》记载当时大都城内二月十五日做盛大佛事，奉佛祖造像游历皇城的繁华热闹情景时这样写道：“于十五日蚤，自庆寿寺启行入隆福宫绕旋，皇后三宫诸王妃戚畹夫人俱集内廷，垂挂珠帘。……从历大明殿下，仍回延春阁前萧墙内交集。自东华门内，经十一室皇后斡耳朵前，转首清宁殿后，出厚载门外。宫墙内妃嫔媵嫱罟罟皮帽者，又岂三千之数也哉？可谓伟观宫庭，具瞻京国，混一华夷，至此为盛！”[107]这段描写生动地展现了元朝都城中罟罟冠流行的场景。

元人诗歌中也有描写罟罟冠的精美诗句，如杨允孚在《滦京杂咏》中吟咏道：“香车七宝固姑袍，旋摘修翎付女曹。”并且自注云：“凡车中戴固姑，其上羽毛又尺许，拔付女侍，手持对坐车中，虽后妃驼象亦然。”[108]诗歌不仅道出了罟罟冠的富丽，而且说明罟罟冠是地位显贵妇女才能服用的冠饰。

西方史书中对罟罟冠的形制亦有详细的记载。加宾尼著《蒙古史》中记载：“（蒙古已经结婚的妇女）在她们的头上，有一个以树枝或树皮制成的圆的头饰。这种头饰有一厄尔（45英寸）高，其顶端呈正方形。从底部到顶端，其周围逐渐加粗，在其顶端，有一根用金、银、木条或甚至一根羽毛制成的长而细的棍棒。这种头饰缝在一顶帽子上，这顶帽子下垂至肩。这种帽子和头饰覆以粗麻布、天鹅绒或织锦。不戴这种头饰时，她们从不走到男人们面前去。因此，根据这种头饰就可以把她们同其他妇女区别开来。”[109]

鲁不鲁乞则对罟罟冠的外形、构造，甚至名称、戴法有着更为生动详细的描写：“妇女们也有一种头饰，他们称之为孛哈（bocca），这是用树皮或她们能找到的任何其他相当轻的材料制成的。这种头饰很大，是圆的，有两只手能围过来那样粗，有一腕尺多高，其顶端呈四方形，象建筑物的一根圆柱的柱头那样。这种孛哈外面裹以贵重的丝织物，它里面是空的。在头饰顶端的正中或旁边插着一束羽毛或细长的棒，同样也有一腕尺多高；这一束羽毛或细棒的顶端，饰以孔雀的羽毛，在它周围，则全部饰以野鸭尾部的小羽毛，并饰以宝石。富有的贵妇们在头上戴这种头饰，并把它向下牢牢地系在一个兜帽上，这种帽子的顶端有一个洞，是专作此用的。她们把头发从后面挽到头顶上，束成一种发髻，把兜帽戴在头上，把发髻塞在兜帽里面，再把头饰戴在兜帽上，然后把兜帽牢牢地系在下巴上。因此，当几位贵妇骑马同行，从远处看时，她们仿佛是头戴钢盔、手持长矛的兵士；因为头饰看来象是一顶钢盔，而头饰顶上的一束羽毛或细棒则象一枝长矛。”[110] 意大利方济各会传教士鄂多立克于1322—1328年东游元代中国后写成《鄂多立克东游录》，其云：“当大汗登上宝座时，皇后坐在他的左手；矮一级坐着他的另两个妃子，而在阶级的最底层，立着他宫室中的所有其他妇女。已婚者头上戴着状似人腿的东西，高为一腕尺半，在那头顶上有些鹤羽，整个腿缀有大珠；因此若世界有精美大珠，那准能在那些妇女头上找到。”[111]《克拉维约东使记》中说帖木儿大夫人：“面罩白色薄纱，头髻高耸，颇类头顶盔盖，发际有珠花宝石等首饰，髻旁插有金饰为一象形，其上亦镶有大粒珍珠。另有红宝石三块镶于象上。宝石之巨大，约有二指长，发际尚插有鸟羽一枚。大夫人走进汗帐之时，雉羽在头上晃动。”[112] 关于罟罟冠更有大量绘画资料和考古图像资料作为佐证。如从存世的元武宗两位皇后肖像中便能看到装饰华贵的宫廷罟罟冠（图 85）。

图 85　戴罟罟冠的元武宗两位皇后

从以上众多中外史料的引述，可以得知罟罟冠的具体形制与佩戴者的身份，即只有贵族妇女才能戴用此冠。蒙古入主中原建立元朝后，罟罟冠也进入了汉族人群的视野。罟罟冠这种造型特异的女性冠式对汉族人群来说无疑是非常新奇的，也自然引起了人们极大的注意。如元人聂碧窗有《咏胡妇》诗，其云："江南有眼何曾见，争卷珠帘看固姑。"[113] 把元朝平定江南后，南方汉人争先恐后地观看罟罟冠的心态展现得淋漓尽致。蒙古贵族妇人由于处于较高的社会地位和享有更多的财富，成为众多已经跻身社会上层或希冀攀附贵胄的汉族人士的妻妾所仿效的对象。因此罟罟冠必然会在汉族上层妇女中有一定范围的传播。《心史》中的记载就验证了这一推测。其言："受虏爵之妇，戴固姑冠，圆高二尺余，竹篾为骨，销金红罗饰于外。"[114] 这正说明向元朝称臣的汉人之妇也要戴罟罟冠。

由此可知，罟罟冠为元代蒙古贵族妇女服饰对汉族上层妇女服饰影响之一例。

（十三）蒙古妇人所穿之袍服

蒙古妇人所穿的宽大袍服，似乎也颇引人注目。加宾尼记载："男人和女人的衣服是以同样的式样制成的。他们不使用短斗篷、斗篷或帽兜，而穿用粗麻布、天鹅绒或织锦制成的长袍，这种长袍是以下列式样制成：它们从上端到底部是开口的，在胸部折叠起来；在左边扣一个扣子，在右边扣三个扣子，在左边开口直至腰部。各种毛皮的外衣样式都相同。不过，在外面的外衣以毛向外，并在背后开口；它在背后并有一个垂尾，下垂至膝部。已经结婚的妇女穿一种非常宽松的长袍，在前面开口至底部。"[115] 鲁不鲁乞也说："姑娘们的服装同男人的服装没有什么不同，只是略长一些……在结婚以后……穿一件同修女的长袍一样宽大的袍服，而且无论从那一方面看，都更宽大和更长一些。这种长袍在前面开口，在右边扣扣子。在这件事上，鞑靼人同突厥人不同，因为突厥人的长袍在左边扣扣子，而鞑靼人则总是在右边扣扣子。"[116] 南宋使者赵珙在《蒙鞑备录》中也据亲眼所见描述过这种袍子："（蒙古妇人）所衣如中国道服之类。……又有大袖衣如中国鹤氅，宽长曳地，行则两女奴拽之。"[117] 至元末，其式样也无太大变化，熊梦祥记载："袍多是用大红织金缠身云龙，袍间有珠翠云龙者，有浑然纳失失者，有金翠描绣者，有想其于春夏秋冬绣轻重单夹不等。其制极宽阔，袖口窄，以紫织金爪，袖口才五寸许窄，即大其袖，两腋褶下有紫罗带，拴合于带腰上紫纵系，但行时有女提袍，此袍谓之礼服。"[118] 由以上史料可知，元代蒙古贵族妇女所穿大袍袖身均很肥大，其长曳地，走路时往往需要女奴扶拽。

这种蒙古妇人所穿之袍服有与汉族服饰类似的一些特点，因此在汉人妇女中有一定染播。如陶宗仪《南村辍耕录》记载：“国朝妇人礼服，达靼曰袍，汉人曰团衫，南人曰大衣，无贵贱皆如之。服章但有金素之别，惟处子则不得衣焉。”[119] 由此可知，蒙古妇人的长袍已经作为礼服被汉族人所熟知，并且有了依据地区习惯而起的新名字。

关于这种大袍在汉地的行用以及被民众熟悉的材料在元代文学作品中屡有所见。如散曲中有：“冠儿褙子多风韵，包髻团衫也不村，画堂歌管两般春，伊自忖，为烟月做夫人。”[120] 贾仲明杂剧《金安寿》第三折《燕儿》云：“团衫缨络缀珍珠，绣包髻鸂鶒袱。”[121]

源于蒙古妇人大袍的“团衫”作为一种盛装逐渐得到广大汉族妇女的青睐。而且按照元代礼俗，纳妾的订婚礼品中必须有团衫。明人臧晋叔编辑的《元曲选》收录关汉卿杂剧《望江亭》第三折《调笑令》白：“许你和张二嫂说：大夫人不许他，许他做第二个夫人，包髻、团衫、绣手巾都是他受用。”[122] 关汉卿杂剧《诈妮子调风月》第一折：“你可休言而无信，许下我包髻、团衫、绸手巾，专等尔世袭千户的小夫人。”[123] 同著《钱大尹智宠谢天香》第二折：“张千，你近前来，你做个落花的媒人，我好生赏你。你对谢天香说，大夫人不与你，与你作个小夫人咱。则今日乐籍里除了名字，与他包髻、团衫、绸手巾。”[124]

第二章　汉世胡风：明代服饰中的蒙古遗存

一　概述

蒙古族所建立的元朝是中国历史上第一个由北方草原游牧民族缔造的大一统王朝。元代的蒙古族服饰具有鲜明的北方游牧民族特色，与唐宋以后的汉族衣冠制度迥然不同。第一章已经运用大量实物、图像和文献史料证明，元朝时期，蒙古服饰对中国社会服饰行用状况产生了一定的影响。而且蒙古服饰并没有随着元朝的崩溃而在汉地销声匿迹，相反却以不同形式在明代社会中广泛传播流用。本章拟主要对蒙元服饰的诸种样式在明代的行用状况进行宏观性考察，并尝试对其行用阶层以及行用原因、社会心理等问题进行初步考辨。

对于明代服饰中的蒙古遗存问题，尚无专文或专书进行探讨，但对我国古代服饰进行研究的论文和专著已可谓硕果累累，其中对元代和明代服饰进行研究的成果亦有相当数量。[1]在以往的研究成果中，部分学者已经敏锐地意识到蒙元服饰在民族文化互动中的表现及其在元代以后的延续和传播问题。因此，已有部分元明服饰研究论著以概述形式或单就蒙元服饰的某种具体式样在明代的延续情况进行简单的叙述。[2]由以上可知，对于蒙元服饰在明代的延续和影响问题，目前学界虽略有涉及，但多属介绍性的文字，并且十分零碎，罕有专门考察。

实际上本章节的主体内容完成于数年前。至此次结集出版，关于明代服饰已有不少新的研究成果出现，出现了专门研究有明一代服饰的专著。王熹的《明代服饰研究》梳理详精，可惜基本未对明代服饰中的蒙古遗存问题进行专门探讨。[3]此外还有与本书主题直接相关的研究论文。如张佳的《"深檐胡帽"：一种女真帽式盛衰变异背后的族群与文化变迁》是一篇考究之作。[4]其收集了十分丰富的图像和文献材料考辨盛行于蒙元时代的女真朝"方笠"的帽式渊源，探索了其在明代的传承和误用情况，并揭示了其背后蕴含的政治文化。周松的《上行而下不得效——论明朝对元朝服饰的矛盾态度》一文则专门探讨了明廷对蒙元服饰的矛盾态度。[5]

在具体考察明代服饰受蒙元影响案例之前，有必要通过考察文献对影响的情况进行概述。

相对于已经约定俗成的"明清史"合称，人们似乎较少把"元"与"明"联系在一起。尽管前者更多地体现了"清承明制"和"明清"两朝之间某种程度的相似性，但"元代"与"明代"之间的联系也是多层面的。[6]近年来，一些学者试图通过具体的实证研究来揭示"元明"乃至"金元明"之间的关联。如赵世瑜在文中曾谈道："在这个个案中，我们的确更多地看到了明代，特别是明代中前期与金、元时期的一致性，看到了清代的独特性。"[7]

与此相似，在元末直至明代中后期的文献中我们都能看到关于蒙元服饰影响的概述性记述。元明之际的士人对此就不吝笔墨。如宋濂云："会宋亡为元，更易方笠、窄袖衫。"[8]方孝孺亦云："元既有江南……未数十年……而宋之遗习消灭尽矣。为士者辫发短衣，效其语言容饰，以附于上，冀速获仕进，否则讪笑以为鄙怯。非确然自信者鲜不为之变。”[9] 明朝建立伊始，明太祖就颁布了“诏复衣冠如唐制”的诏书。《明实录》对其的记载云，蒙元“悉以胡俗变易中国之制，士庶咸辫发椎髻，深檐胡帽，衣服则为裤褶窄袖及辫线腰褶，妇女衣窄袖短衣，下服裙裳，无复中国衣冠之旧……胡服、胡语、胡姓一切禁止”。[10] 通过以上所引明初名士所撰墓文和明廷政令，我们不仅对蒙元服饰的特点略知一二，更直接感受到元朝时期蒙古服饰对汉族人民的影响是十分巨大的。虽然李治安认为这些是过激之词，夸大了事实。[11] 但众多类似的记载至少说明我们绝不可以将元代蒙古服饰对汉族人民的影响忽略不计。终有明一代，洪武元年的这道禁令一直都是国家政治生活中的重大事件，明代文献中对其记载颇多。[12] 这或许从另一个侧面说明至少直至明初，蒙元服饰的影响仍然是相当大的。

已有的研究表明，元明鼎革并没有民族主义革命的色彩。这种色彩的产生实际上是明代中晚期边患的刺激导致当时人们重新解释历史的结果。[13] 在这样的背景下，明初的这道禁令能否彻底贯彻都是问题。

因此，考察明代各个时期的文献，仍然可看到蒙元服饰的踪影就不足为怪了。如《明实录》载洪武年间“民不见化，市乡里闾尚循元俗……中国衣冠坏于胡俗……令有司严加禁约”，“其常服用颜色圆领衫，不得仍用胡服”；正统时“中外官舍军民戴帽穿衣习尚胡制……垂缨插翎尖顶秃袖……请令都察院出榜，俾巡按、监察御史严禁，从之”。[14]《皇明大政记》载：“弘治四年春正月，禁胡服胡语。”《续藏书》载：“泰陵初，召公刑部为尚书，上疏乞禁京师胡服胡语。”[15] 甚至到了晚明，文学家王同轨仍然写道：“然常见河以北，帽犹深檐，服犹腰褶，妇女衣窄袖短衫……习久而难变，甘陋而相忘耳。”[16] 由此可见，明廷虽多次重申胡服禁令，但蒙元服饰的影响在整个明代一直存在，并且于北方地区尤为强烈。[17]

二　明代服饰中的蒙古遗存案例

前文已经指出，元代蒙古服饰行用的等级性并不很强。沈从文也曾说:“元代习惯上下平时衣着式样，区别并不大，等级区别在衣着材料、颜色和花纹。”[18] 由此可见，蒙元服饰的各种式样并不为某个阶级所独享，使用面较广。这在考古和图像史料中都能得到印证。另一方面，其行用的广泛也造成了影响的深远。

沈从文指出，元明之际的通俗读物《碎金》曾列举当时男女士庶的日常服饰名称，其中有“搭护”“腰线”“辫线”“曳撒”“系腰”“大衣”“团衫”等衣物，[19] 是宋代没有，入元方生的新事物，而有些更是赫然列入明初禁止名单之中。这为我们探索该问题提供了线索。

大明王朝作为重建的汉族王朝，在法令层面明确规定“诏复衣冠如唐制”“复汉唐之旧”“胡服、胡语、胡姓一切禁止”。因此在服饰形制的明显范畴里，蒙元服饰因素的影响并不明显，并不像元代蒙古服饰的存在形态那样多样而彰显。但很多历史现象表明，制度规定和实际执行往往并不能完全重合。因此，明代服饰中的蒙元因素仍然有一定程度的存在，而且很多是以设计因素和样式风格的形式存在。笔者广泛梳理明代文字和图像等各种类型史料，将明代服饰中的蒙古因素具体论述如下。

（一）卷檐帽

卷檐帽为一种圆形毡帽，帽体圆形有顶，帽檐卷折向上，有的缀有红缨或插有翎毛（图 86）。卷檐帽在元代已经见到行用。

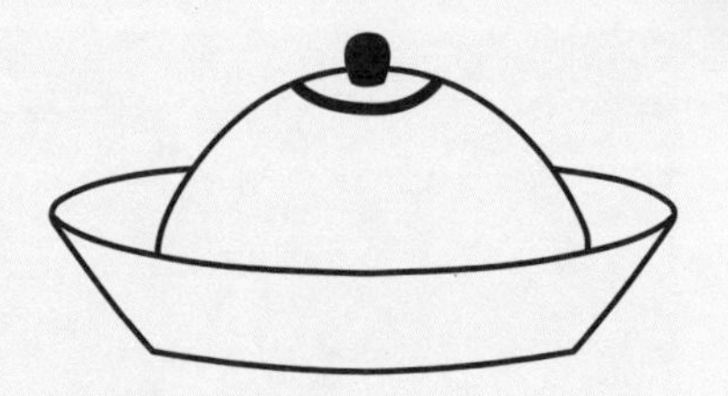
图 86　卷檐帽示意

如 1957 年清理的成都西郊元墓中发现有一尊男侍俑所戴的帽式。虽然因为当时技术条件限制，照片为黑白且不大清晰，但仍然可以辨认出其为卷檐帽，具有代表性（图 87）。

卷檐帽源于何时何地，尚待考察。这种帽式同样有利于遮阳，应为一种古老的帽式。我们现在最为熟悉的卷檐帽的形制就是清代的暖帽式样了。有鉴于此，金代女真人应该就已经戴用这种帽式了。

图 87　成都西郊元墓出土戴卷檐帽的男俑

元代蒙古及其他民族当已经广泛戴用这种帽式。除成都元墓的男俑外，前文展示的《事林广记·步射总法》等图也展现了元代垂有披幅的卷檐帽（图 69），前引赵雍《人马图》中牵马胡人也戴着一顶宽大的缀有红缨和翎毛的卷檐帽（图 66）。

各种材料显示，卷檐帽在明代的行用范围和普及程度较元代有过之而无不及。虽然洪武初年发出过针对蒙古习俗的禁令，其中就有“深檐胡帽”一项，当是包括钹笠帽、卷檐帽和方笠在内的各种帽檐宽大的北方民族帽式，但通过明代各种史料，尤其是图像史料，可以看到这些蒙古帽式在明代社会上下仍都有行用。

图 88 《明宣宗行乐图》中戴卷檐帽的明宣宗 1

首先我们在多幅明代宫廷绘画中能见到明朝皇帝头戴华美卷檐帽的形象。经典者如《明宣宗行乐图》中明宣宗朱瞻基就是头戴红绿宝石帽顶，卷檐上缀有竖排珍珠的黑色华丽卷檐帽（图 88、图 89），尽显帝王卷檐帽的高级质感。

论及明代的卷檐帽，还要谈到一幅国内外学者都注意不多的明代绘画。那就是明人所绘《射猎图轴》，现藏故宫博物院。这幅画描绘了明代猎手马上射猎的画面。中间一人根据穿着判断当是明代某位皇帝，其余四人都是跟随皇帝的猎手护卫。这四位猎手均头戴颜色不同、款式各异的卷檐帽。

如其中一位手擎猎鹰的猎手即戴金顶的黑色卷檐帽，与明宣宗所戴卷檐帽类似，身穿蓝色方领对襟长袍。稍前一位猎手则戴一顶金顶白色红里卷檐帽，后檐翻转下垂（图 90）。这幅图轴目前尚不见于国内的文物绘画图册，因此学术界研究利用不多。[20]

图 89 《明宣宗行乐图》中戴卷檐帽的明宣宗 2

卷檐帽并不是社会上层的专属品。材料表明，元代戴卷檐帽的人群有一部分社会地位不高，多数属奴仆、皂隶之类。而这一传统也影响到了明代。因此我们在明代小说以及各类书籍版画和文物资料中都可以看到大量头戴卷檐帽的皂隶的文字和图片。如明代历史演义小说《禅真逸史》中写道：“只见一个黑瘦汉子，头

图 90　明人绘《射猎图轴》中戴卷檐帽的骑马人物形象

戴卷檐毡帽，身穿青布道袍，脚着多耳麻鞋，背上斜驮包裹，手里撑着雨伞，张头探脑望着门里。”[21] 明代戏曲和小说插图中的皂隶形象更是多数头戴卷檐帽。尤其是官员的仪仗和侍从皂隶，几乎清一色都戴着这种帽子，如明代戏曲《荆钗记》、《三祝记》以及《珍珠记》中头戴卷檐帽，手持仪仗的官府侍从、皂隶形象十分具有代表性（图 91、图 92 和图 93）。

在明代考古发掘中，我们也能看到卷檐帽的形象资料。如在

图 91 《荆钗记》中戴卷檐帽的皂隶形象

图 92 《三祝记》中戴卷檐帽的皂隶形象

图 93 《珍珠记》中戴卷檐帽的皂隶形象

成都发掘的明代藩王蜀昭王陵墓中出土的人俑，虽然照片并不十分清晰，但我们仍可以看出是戴着缀缨卷檐帽的仆隶（图 94）。再如陕西明秦简王墓出土的众多仪仗俑中就有头戴红色卷檐帽的人物形象（图 95）。

以上材料说明明代卷檐帽的戴用已经形成了固定的阶层人群，成为皂隶人群的某种身份性服饰。此外需要指出的是，继

图 94 明蜀昭王墓出土的戴缀缨卷檐帽的男侍俑

图 95 明秦简王墓出土戴卷檐帽的仪仗俑

承自蒙元的明代卷檐帽在形制上与清代普遍作为冬季官帽的“暖帽”十分相近，这不但说明清代服饰并非满洲所独创，其在清代社会之所以能够通行，除政治推动因素外，元明时代已形成的历史传统也许亦是原因之一；而且也说明了蒙元服饰影响之深远。

此外，笔者在整理明代卷檐帽图像材料时还发现一些卷檐帽是分为前后两个帽檐的，如前述《射猎图轴》中的另一位猎手便是戴着这种卷檐帽式（图 96）。如此设计，当是增加卷檐帽的实用性。前檐可以垂下遮阳避雨，后檐折下就可以当作披幅使用。这种前后帽檐的设计，在元代图像材料里也可以见到。如《元世祖出猎图》中一位白须的随从所戴帽冠就像是一顶白色缀红缨、前后檐展开的卷檐帽（图 97）。

图 96　明人绘《射猎图轴》中戴前后檐分开的卷檐帽的骑马人物形象

图97 《元世祖出猎图》中戴前后檐分开的卷檐帽的人物形象

（二）钹笠帽

前引《明实录》与《耳谈类增》中所言明初禁止的“深檐胡帽”，自然包括蒙古人帽式中最为典型的钹笠帽。但如同卷檐帽一样，我们在明代社会丰富的史料资源中仍然可以看到大量钹笠帽的行用痕迹。总体而言，明代的钹笠帽较之元代，似乎帽体变高，当是适应汉族男子高耸的发髻所致；同时帽檐收窄，应是适应汉地农耕地区相对草原不大强烈的日光。其实这种变化趋势在元代已经初露端倪了。如元代笔记《至正直记》中载：“世祖皇帝所戴旧毡笠，比今样颇大，故今谓之直檐大帽。”[22] 这说明元末钹笠帽的帽檐已经比元初缩小了。

我们在《射猎图卷》中可以看到居于最为核心位置的穿着明朝皇帝衣冠的人物便头戴一顶淡蓝色的、有帽正和帽顶以及翎毛的钹笠帽，他身穿方领比甲，内是织金锦窄袖龙袍（图98）。这一图像材料直观地为我们展示了明代那高耸的钹笠帽形制。

笔者通过对文献和图像史料的梳理发现，进入明代之后，钹笠帽不仅广泛存在，并且形成了多个使用阶层。其中最为显著的当数明代的胥吏与家仆群体，而且他们所戴的钹笠帽多被称为“大帽”。这可能是钹笠帽较之汉族传统的幞头巾帻来说形状更为圆大的缘故。

“胥吏”，又称“吏胥”“吏员”，是中国古代各级官僚机构中各种具体办事人员的泛称，与“官”相对。对于胥吏头戴钹笠帽的形象，明代笔记小说中多有记载。如《泾林续纪》记载：“一日闲居，阍者报有官仆投书，呼之入，两人俱大帽绢衣若承差状。”《初刻拍案惊奇》中亦载：“一伙青衣大帽人……乃是大主考的书

图98　明人绘《射猎图轴》中戴钹笠帽的明朝皇帝形象

办。”《玉娇梨》中也写道：“一个青衣大帽……是按院承差。”[23]这里所载“承差”“书办”都指胥吏。而明代小说和戏曲的版画插图中也不乏头戴黑色钹笠帽、身穿圆领公服的胥吏形象。如晚明历史小说《于少保萃忠传》和明代戏曲《蓝桥玉杵记》中的插图就颇为典型（图99、图100），而戏曲《喜逢春》插图中两个戴钹笠帽之人更是为魏忠贤“进建生祠本”的“承差”，[24]胥吏形象跃然纸上。

图99 《于少保萃忠传》中戴钹笠帽的胥吏形象

图100 《蓝桥玉杵记》中戴钹笠帽的胥吏形象

相对于官来说，明代的胥吏是一个特殊的群体。他们“构成一个较庞大的社会政治集团，他们的所作所为对于社会及政治生活方方面面的影响都是非同小可的”。[25]对于明代的胥吏，明人多有评论。明末复社领袖侯方域曾言：“吏胥日以夥，每县殆不止千人矣。……今天下大县以千数，县吏胥三百，是千县则三十万也。一吏胥而病百人，三十万吏胥，是病三千万人也。”[26]顾炎武曾说：“今夺百官之权而一切归之吏胥，是所谓百官者虚名，而柄国者吏胥而已。”[27]由此可知，明代的胥吏是一个人数众多、政治作用很大的群体。而承自元制的钹笠帽被这样一个庞大的社会政治群体广泛戴用，其对明代社会服饰行用状况产生的影响自然不可忽视。

戴用钹笠帽的另一大群体是明代权富门下的家仆，文献中多称为“院子”或“家人”。如《二刻拍案惊奇》中写道：“赵大夫……叫几个方才随来家的带大帽、穿一撒的家人，押了过对门来。”[28]《醒世恒言》中也写道：“这几个朋友好不高兴，带了五六个家人上路……跟随人役个个鲜衣大帽。”[29]

明代戏曲刻本插图中保留了大量这样的家仆形象。如万历继志斋本《重校琵琶记》插图中头戴黑钹笠帽、侧身作揖之人（图101），便是“牛太师府里一个院子”。再如，《破窑记》和集义堂本《琵琶记》插图中戴钹笠帽的男子也是“院子身份”（图102、图103）。数量庞大的家仆群体无疑扩大了钹笠帽的使用范围，并且钹笠帽也成为大家家奴身份的象征。如《醒世恒言》载：“那人笑道：‘原来你不认得我，我就是郭令公家丁胡二……你若疑惑，明早同到城门上去，问那管门的，谁个不认得我！’这主人家被他把大帽儿一磕，便信以为真。”[30]

图101　继志斋本《重校琵琶记》插图中戴钹笠帽的家仆形象

图102《破窑记》插图中戴钹笠帽的家仆形象

图103　集义堂本《琵琶记》插图中戴钹笠帽的家仆形象

除了以上两大群体，还有一类职业者多戴钹笠帽，那就是明代负责传递文书信件的“驿使”，又称为“邮役”。如《守官漫录》中载“邮役”的装束就是“小囊笠帽”。[31]这在明代文献插图中也多有体现。如戏曲《投笔记》插图中的驿使形象（图104）。而明代文学家邓志谟所作《梅雪争奇》插图中手持梅花的驿使形象（图105），更是旨在描绘“折花逢驿使，寄与陇头人。江南无所有，聊赠一枝春”[32]的诗意。这实际与从陕西出土的元代驿使俑形象如出一辙，体现了元明之间的传承。

图104《投笔记》中戴钹笠帽的驿使形象

图105《梅雪争奇》中戴钹笠帽的驿使形象

明代考古发掘中也有头戴钹笠帽的人物形象。典型者如1970年在成都凤凰山发现的明蜀王世子墓，其中即有戴帽体较高的钹笠帽的仆役俑，并且该帽上还装有帽正一类的饰物（图106）。

而钹笠帽在明代社会尤其明前期行用之普遍，还可以从洪武刻本童蒙识字读物《对相四言》中看出。其中人物形象多戴着钹笠帽（图107）。

在古代社会，“胥吏”一向被自诩“清流”的士大夫所鄙夷，而家仆更属于“贱民”，“驿使”亦属于下层职业者。由此可见，

图 106　成都凤凰山明墓出土戴钹笠帽的男俑

图 107　洪武刻本《对相四言》中戴钹笠帽的人物形象

明代钹笠帽使用的主要人群社会阶层并不高，为一些职役人员所戴，成为其身份性的帽式。个中原因除了元代钹笠帽在平民中广泛使用已形成的历史传统外，也有其功能上的原因。钹笠帽帽檐宽大，可以遮阳避雨。如《謇斋琐缀录》中言钹笠帽虽“非士服”，却可以“遮日耳”。[33]驿使常年驰骋传递文书，戴用钹笠帽就是因为它的遮蔽功能。此外，文献中的记载还可以给我们一些新的启示，如明代以图文并茂著称的类书《三才图会》中记述另一种冠帽“皂隶巾”时这样写道：“此贱役者之服也。相传胡元时为卿大夫之冠，高皇帝以冠隶人，示绌辱人之意云。”[34]从这条材料中我们或许可以得到某种启示，明代钹笠帽多为社会下层人群戴用体现了明朝对于前朝的一种政治否定，这或许是其在明代形成如此行用状况的政治动因。但这只是一种推测。据笔者所见，这条记载还只是一个孤证，是否符合历史实际，还需要进一步深入的研究。但类似可以引起人遐想的记载并非只有这一个，如《酌中志》载：“皇城内，内臣除官帽、平巾之外，即戴圆帽。冬则以罗或纻为之；夏则马尾、牛尾、人发为之。有极细者，一顶可值五六两或七八两、十余两，名曰‘爪拉’或‘爪喇’，绝不称帽子，想有所避忌云。”[35]一个“避忌”便令人浮想不已。

（三）直檐大帽

直檐大帽也是元代蒙古族的一种传统毡帽，文献中又称为“大檐帽”，简称为“大帽”。严格地说，直檐大帽在形制上应该属于钹笠帽的特殊形式或者变体，两者的不同之处主要在于，直檐大帽的帽檐平直且多宽大，而钹笠帽则多是帽檐倾斜向下且较短。直檐大帽在明代仍然存在，并且某种程度上行用范围比元代还要广泛。比如《三才图会》中就绘有明代直檐大帽的形制示意图（图108），由图可以看出，其形制较元时帽体升高，帽檐伸长。

图108 《三才图会》中的直檐大帽示意

关于直檐大帽的起源，明人王三聘在其所著《事物考》中曾写道:“圆帽，是即今毡帽之类。始于元世祖出猎，恶日射其目，乃以树叶置于胡帽之前。其后雍古剌氏（即弘吉剌氏——笔者注）乃以毡一片置于前，因不圆复置于后，故今有帽大檐是也。”[36]王三聘引用《元史》中的记载并有所发挥延伸，指出明代的直檐大帽是由元代前圆后方帽发展而来。无论如何，这都道出了明代直檐大帽的前元来源。

明代的直檐大帽仍然主要为皇帝和官员等社会上层戴用。《明实录》中记载明成祖驾崩后的遗物中就有“黑毡直檐帽一，并金级顶子、茄蓝间珊瑚金枣花帽珠一串”。[37]帽体、帽顶和帽珠，这就构成了一套完整的皇帝直檐大帽“套装”。明中期的翰林学士尹直也曾说:“昔尝叨侍宪宗皇帝。观解于后苑，伏睹所御青花纻丝窄檐大帽。”[38] 由此可知明天子的直檐大帽仍延续元时传统，装饰精美。

图 109 《剿闯小说》中戴直檐大帽的官员形象

直檐大帽也是明代官员的一种便帽。如正德十三年（1518），武宗从宣府还京，在朝奉迎官员“得旨用曳撒大帽鸾带……是日，文武群臣皆曳撒大帽鸾带服色迎驾于德胜门外”。[39] 因此帽源于蒙元，故当时引起了不小争议，明代私家著述中对此事亦多有所载。[40] 在明代戏曲小说插图和传世绘画中我们也能看到头戴直檐大帽的官员形象。如在明末时事小说《剿闯小说》和历史小说《隋史遗文》插图中，都可以看到头戴深色直檐大帽、身穿补服和锦袍的官员形象（图 109、图 110）。明代绘画中亦不乏此类形象，如在描绘明代中期重臣王琼生平经历的《王琼事迹图》中，我们也能看到头戴宝石顶直檐大帽、身穿锦袍的宦官形象（图 111）。

图 110 《隋史遗文》中戴直檐大帽的官员形象

大帽虽不见于明朝典章服制中，但在某种程度上也成为官员公服的代用品。如《隋史遗文》中写道：“张郡丞请叔宝公服相见，叔宝只得把旧时大帽、通袖穿了，与郡丞相见。”[41] 该书为明末著名戏曲家袁于令存世的唯一一部小说。虽然内容为演绎隋唐史事，但其实是用明代状况描写隋末唐初之事。在明代文献记述中，大帽更进一步成为官员装扮的

图 111 《王琼事迹图 · 经略三关》中戴直檐大帽的宦官形象

代名词。明代后期散曲家冯惟敏曾有“青天白日打灯笼，照见南来小相公。凉衫大帽妆朝奉，搭连包，肩后耸”之语。[42]《隋史遗文》中亦写道：“那个秦客人……往幽州去一二年，到挣了一个官来，缠鬃大帽，气昂昂的骑着马，往府前来。”[43]

除了官员戴用，直檐大帽也被一部分明代的胥吏所戴。这一用途与钹笠帽有所重叠，也说明了两种帽式的同源关系。明代后期任山西监察御史的高出曾赋诗云：“骝马如云子百人，旗牌奉敕选金银。长衫大帽锦衩身，夺儿掠女谁得瞋。”[44]描绘出头戴大帽的明代恶吏欺压百姓的场景。关于其形象资料，《二刻拍案惊奇》插图中戴浅色直檐大帽、身穿公服侧立一旁的几人便是“京城韩侍郎门下”的“办事吏”和“掾吏”。[45]戏曲《三报恩》插图中也有侍立两旁、头戴大帽的胥吏（图 112）。

图 112 《二刻拍案惊奇》与《三报恩》插图中戴直檐大帽的胥吏形象

不仅如此，大帽还进一步发展成明代权势富豪之人的装束和象征。如《献征录》中载：“江右有詹某者，以势宦姻亲常戴大帽肆为诛求，监司不敢问。一日谒公，公即收之狱，同官愕然，公曰：‘此辈不治，恐为大帽者接踵也。’”[46]又如小说《禅真逸史》中云：“头上戴一顶儒巾就是相公，换了一个大帽即称员外，谁敢拦阻！”[47]由以上论述可以看出，直檐大帽在明代的行用人群多属于社会上层，并且有了较强的权势者身份标志色彩，明显与钹笠帽形成了对照。究其原因，元代的历史传统是一个很重要的方面。同时笔者推测，直檐大帽本身的特点也起了很大作用：其宽大的帽形显得威风凛凛，因此也容易得到明朝上层阶级的青睐。

在明代民间，我们也可以看到直檐大帽的行用。如明代所绘宝宁寺水陆画中就有三位头戴直檐大帽、身着锦衣的富人形象，其中一顶直檐大帽还下垂木珠帽带（图 113、图 114）。

图 113 宝宁寺水陆画中戴直檐大帽的人物形象 1

图 114 宝宁寺水陆画中戴直檐大帽的人物形象 2

（四）瓜皮小帽

瓜皮小帽，又名“六合一统帽”、“瓜皮帽”、“爪拉帽”、“小帽”或“圆帽”，因其在清代盛行而为现代人所熟知。事实上，瓜皮帽在明代已经广泛行用，以往的服饰史论著对其也有所介绍。[48] 瓜皮帽帽体呈圆形并分六瓣或多瓣，且有帽顶。明代瓜皮帽的帽体较之清代更为高耸，说明更适应明代人的发髻（图 115）。

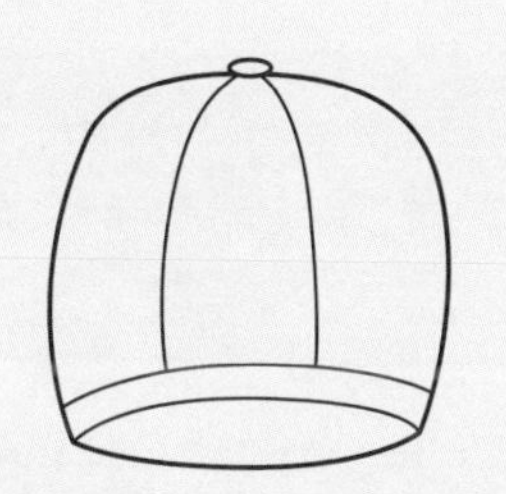

图 115 瓜皮小帽示意

但前人论述瓜皮帽起源时，大多援引明人旧说，认为其为明太祖所创。[49] 这种把某一历史事物的创造发明归结为某些杰出人物是中国古代历史书写中十分常见的叙述模式，在没有确凿证据的情况下并不完全可信。因此考察其真正来源，从形制分析入手是一条重要途径。

对于明代瓜皮帽的形制，《豫章漫抄》中描述为："今人所戴小帽，以六瓣合缝，下缀以檐，如桶。"[50]

瓜皮帽帽体呈圆形并分六瓣且有帽顶，这些元素与蒙元帽式尤其是钹笠帽较为类似，因此不得不怀疑瓜皮帽的产生也受到了蒙元帽式的影响，而非汉族衣俗自生。民国时人赵振纪在其刊文中讨论清代瓜皮帽时有这样的表述："此帽既非满制，亦非汉制，即今通用之瓜皮小帽是也。"[51]

明代文献中的一些记载也许对考察瓜皮帽的来源有所帮助。如明代笔记《事物绀珠》中载："小帽六瓣金缝，上圆平，下缀檐，国朝仿元制。"[52] 隆庆年间任山西巡抚的靳学颜在其著作中叙述元代服制时也写道："元人帽制必圆而六瓣。"[53]

在元代墓葬发掘中也能发现瓜皮帽存在的证据。如在1992年清理的洛阳伊川元墓漫漶不清的壁画中，我们仍可辨认出一个头戴与明代瓜皮帽十分类似的帽式，身穿下摆细褶的辫线袄的仆役形象（图116）。

图116　洛阳元墓壁画中头戴瓜皮帽的仆役形象

综合以上多种证据，可以初步推断明代瓜皮帽在形制上受到了蒙元帽式的较大影响。

在明代的各种帽式中，瓜皮帽的使用范围是最广泛的。《北窗琐语》中记载："小帽截子，初惟执役厮卒服之。其后，民趋于便，虽士庶亦多用之。"[54]

道出了瓜皮帽在明代的发展脉络。瓜皮帽是明代平民百姓最常戴的便帽，故被称为“齐民之服”。[55] 在全国各地的明代墓葬发掘成果中，瓜皮帽的发现是非常丰富的。[56]

典型者如 20 世纪 70 年代在成都凤凰山发掘的明代前期蜀藩世子朱悦燫之墓，其中发现大量精美侍俑，其所戴瓜皮帽形制与清代基本一致（图 117）。太原风峪口明墓中所出土戴瓜皮帽的皂隶人俑也是栩栩如生（图 118）。

笔者通过梳理材料发现，除了考古资料之外，明代书籍插图

图 117　成都凤凰山明墓中出土的戴瓜皮帽男俑

图 118　太原风峪口明墓中出土的戴瓜皮帽男俑

图 119 《义烈记》插图中戴瓜皮帽的两个仆役

中的瓜皮帽形象更是俯拾皆是，甚至可以说绝大多数明代书籍的版画插图中都可以看到头戴瓜皮帽的庶民形象。如明代戏曲《义烈记》（图 119）和《双杯记》（图 120）以及专门以版画为主要内容的明代劝世书《瑞世良英》（图 121）之版画插图就较为典型。《义烈记》插图中，一个仆役戴着的瓜皮帽还翘起，露出了明代男子包裹发髻的网巾。这可以解释为何明代的瓜皮帽更加高耸了。类似的，我们在宝宁寺水陆画中也可以看到头戴瓜皮帽、身着对襟袄的人物形象（图 122）。

图 120 《双杯记》插图中戴瓜皮帽的人物形象

图 121 《瑞世良英》插图中戴瓜皮帽的仆役形象

图 122　宝宁寺水陆画中戴瓜皮帽的人物形象

值得一提的是，在明人的社会心理中，瓜皮帽似乎已经成了庶民身份的代名词。隆庆年间进士丁宾在赴句容任县令前，其父告诫他说："汝此行，纱帽人说好，我不信。吏巾说好，我亦不信。即青衿说好，亦不信。惟瓜皮帽子说好，我乃信耳。"[57] 小说《金瓶梅》中也写道："吴大舅与哥是官，温老先戴着方巾，我一个小帽儿，怎陪得他坐。"因此富甲一方、权势遮天的西门庆在送白赉光出门时曾说："你休怪我不送你，我戴着小帽不好出去得。"[58] 戴瓜皮小帽显然有失西门庆大贾之身份。由此可知，受蒙元服饰影响而产生的瓜皮帽不仅在明代行用极其广泛，而且其背后包含了更多社会阶层的象征意义。

（五）瓦楞帽

入明之后，方笠仍在汉族人群中使用，但多被称为"瓦楞帽"或"幔笠"。如元明时期著名的看图识字童蒙读物《对相四言》的明代洪武版本中就绘有方笠的简单图示，并注明"幔笠"，有帽顶、帽体和帽珠，与元代方笠别无二致。还有"人"的形象就是头戴方笠，身着半臂（图 123）。

图 123 洪武刻本《对相四言》中的“幔笠”与戴方笠人物形象

在现存的明代寺观壁画和绘画中我们往往能够看到瓦楞帽的形制，如山西省右玉县宝宁寺水陆画和河北石家庄毗卢寺壁画中都有头戴瓦楞帽的各阶层人群（图 124、图 125），其瓦楞帽也是用不同材质制作而成。

图 124 宝宁寺水陆画中戴方笠的人物形象

图 125 毗卢寺壁画中戴方笠的众人形象

而明代文献中也有对瓦楞帽的记载。如明代笔记《云间据目抄》载:"瓦楞鬃帽,在嘉靖初年,惟生员始戴。至二十年外,则富民用之……万历以来,不论贫富,皆用鬃帽。"[59]小说《警世通言》中写道:"王匠大喜,随即到了市上,买了一身衲帛衣服、粉底皂靴、绒袜、瓦楞帽子。"[60]《金瓶梅》中也写道:"那时约五月,天气暑热,敬济穿着纱衣服,头戴瓦垅帽。"[61]而话本小说《连城璧》中亦载:"蒋成磕头谢了出去,暗中笑个不了。随往典铺买了几件时兴衣服,又结了一顶瓦楞帽子。"[62]这里的蒋成是个皂隶,可知瓦楞帽亦可为皂隶所戴。因此,瓦楞帽可算是明代蒙元服饰大行的又一例证。至少在中晚明之后,瓦楞帽已在明代社会各阶层通行,并未局限于某个人群。

瓦楞帽在明代还衍生出一种六边形的式样,称为"板巾"、"板帽"或"六板帽",[63]其优点是可以折叠,便于携带,因此颇为流行。如《云间据目抄》载:"更有头发织成板,而做六板帽,甚大行。"[64]

值得一提的是,板巾成为明代道士所多戴的一种便帽。如《二刻拍案惊奇》载:"懒龙应允,即闪到白云房,将众道常戴板巾尽取了来……一伙道士正要着衣帽登岸潇洒,寻帽不见,但有常戴的纱罗板巾,压折整齐,安放做一堆在那里。"又载:"不匡那人正色起来,反责众道道:'列位多是羽流,自然只戴板巾上船。今板巾多在那里,再有甚么百柱帽?分明是诬诈船家了。'看的人听见,才晓得是一伙道士,板巾见在,反要诈船上赔帽子。"[65]《金瓶梅》中亦写道:"那钱痰火就带了雷圈板巾,依旧着了法衣,仗剑执水,步罡起来,念《净坛咒》。"[66]由此可知,板巾成为明代道士的一种职业性装束。

而前述元代冯道真就是全真教的道官,这也许说明瓦楞帽在元代已为道众所戴,并形成一种传统,进而影响到明代。

（六）辫线袄

辫线袄作为元代蒙古人群所惯常穿着的骑射之服，曾在汉地广泛传播，并留下了大量史料遗存。元朝灭亡之后，辫线袄并没有销声匿迹，仍然行用于明代社会中。如明人所记述的“腰褶皆细密，攒束以便上马”，[67] 间接说明明人对辫线袄并不陌生。

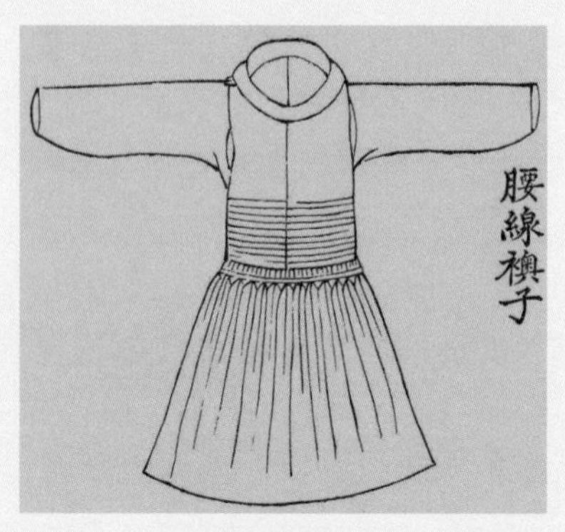

图 126 《大明集礼》中的辫线袄示意

元朝明确将辫线袄作为宫廷仪仗的制服。而查阅明朝的宫廷仪卫制度，同样可以看到这一制度规定。入明之后，辫线袄被明确定为宫廷仪卫官“刻期”之服，《大明会典》载：“刻期，冠方顶巾，衣胸背鹰鹞花腰线袄子。”[68] 这明显是直接继承元代传统，只是袍服的名称稍有调整。而《大明集礼》与《三才图会》中都绘有“刻期”官所着辫线袄的线稿图示，可知其与元代之辫线袄差别不大，同样是有腰线和下褶的构造（图 126）。

明代考古发掘中也有不少直接承袭自元代辫线袄的实物遗存。如 20 世纪 70 年代初在山东发掘的明初鲁荒王朱檀墓中出土了多件缀有腰线的亲王级别袍服，其中一件织锦缎花辫线袍保存较为完整（图 127、图 128）。从图中可以看出，这件辫线袄缀有横向的腰线和细密的下褶，在形制上与元代辫线袄一脉相承。

而在明代民间图像史料中，继承自元代的辫线袄也并不鲜见。如山西省右玉县的明代宝宁寺水陆画中就有身着辫线袄的人物形象，其同样具备腰线和下褶等基本服饰元素（图 129）。而

图 127　山东鲁荒王墓出土辫线袍

图 128　山东鲁荒王墓出土辫线袍的黑白旧照

成化年间双桂堂刻本《剪灯余话》版画插图（图 130）和明弘治刻本《事林广记·步射总法》图（图 131）中都有身穿辫线袄的人物形象，这些袍服的形制与元代辫线袄几无二致。在现在私人收藏的明代宫廷画家胡聪所绘《春猎图》中，我们也可以看到身穿有腰线和细密下褶的辫线袄，头戴钹笠帽的西域胡人骑射形象（图 132）。

图 129　宝宁寺水陆画中身着辫线袄的人物形象

图 130 《剪灯余话》插图中穿着辫线袄的人物形象

图 131　明弘治刻本《事林广记 · 步射总法》图中身着辫线袄的武人形象

图 132 《春猎图》中身穿辫线袄的骑射人物形象

以上说明除宫廷之外，辫线袄在明代社会中仍然存在，因此能在众多图像史料中留下痕迹。

（七）曳撒与褶子衣

实际上，辫线袄对明代服饰产生的最大的影响并不在于其本身的整体特点，而是其下摆“密密打作细折”的特点。其华丽而又适合骑马的袍服特点，引起了明代社会上层极大的兴趣。明代的大量服饰史料证明，在这一特征影响下衍生出了一系列明代新式袍服式样，其中行用最广的当数曳撒和褶子衣。

曳撒，在明代又作“衪襒”“曳襒”“一襒”“倚襒”“衣襒”“倚撒”等等，有时径称“襒”。对于明代出现的“曳撒”，以往服饰史论著虽已有所论述，但多限于简单介绍。因此有必要结合更多材料对其在明代的行用进行更深入的考察。元诗中就有描写辫线袄的“一撒青金腰线绿”，[69]“曳撒”之名是否源于此，或是源于蒙古语，有待考证。

关于其形制，明代后期宦官刘若愚在其宫廷史著作《酌中志》中有详细描述：“衪襒，其制后襟不断，而两旁有摆，前襟两截，而下有马面褶，往两旁起。”[70]根据以上记载并结合明代服饰遗存实物，可知曳撒的形制为交领宽袖，下摆两侧折有密褶即所谓“往两旁起”，而中间无褶平坦，并且两侧有摆（图 133），是对元代辫线袄的一种士人化改制。

史料显示，从明代前中期开始，曳撒就成了统治集团上层的“燕闲之服”。从皇帝到太子、内臣以及百官都穿着此服。如《謇斋琐缀录》中就记载明宪宗于后苑游赏时身穿“大红织金龙纱曳襒”，而孝宗皇帝更是“早则翼善冠、衮绣员领，食后则服曳襒、玉钩絛”，[71]可见其饭后燕居时间穿曳撒的时间更多。而太子则是每日"讲毕退食后，东宫乃易曳撒、金镶宝石或玉钩绦，向西窗下习仿书一张"，[72] 太子练习书法时就是身着曳撒。曳撒还被称为"时王之制"，即皇室服装。关于宦官身穿曳撒的材料就更

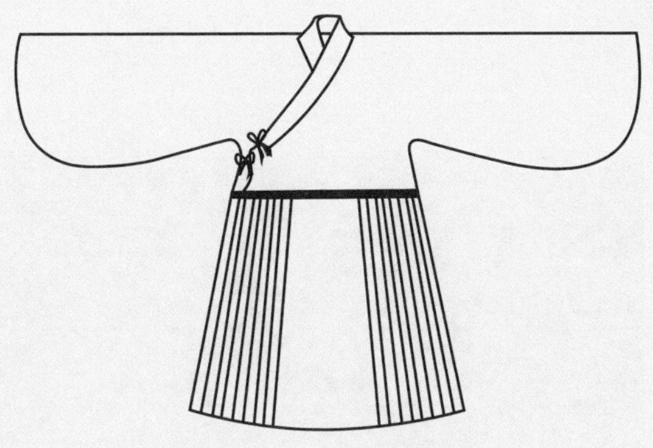

图 133　明代曳撒示意

加丰富了。如《酌中志》中就记载明宫中多种职位的宦官公服为"麟补红䄌䙚""圆领䄌䙚""青䄌䙚"，并说"自提督至写字俱穿䄌䙚"，"惟自司礼监写字以至提督止，并各衙门总理、管理方敢服之"，[73] 说明具有一定职位的宦官才能穿着曳撒。《明史》中亦载："永乐以后，宦官在帝左右，必蟒服，制如曳撒。绣蟒于左右，系以鸾带，此燕闲之服也……又有膝襕者，亦如曳撒……便于乘马也。或召对燕见，君臣皆不用袍，而用此。"[74] 这说明曳撒多作宫中燕服，也说明其继承了元代腰线袄"便于乘马"的优点。

与文献记载相对应，我们在明代宫廷绘画中也可以看到大量皇帝与宦官身穿曳撒的形象资料，尤其是明代中期的宫廷绘画。典型者如《明宪宗调禽图》中，明宪宗朱见深与其两旁的小宦官童子都身穿下摆宽大的曳撒，形制华丽。明宪宗还戴着与各款行乐图卷中明帝所戴一样的华丽卷檐帽（图 134）。类似的，在《明宣宗行乐图卷》（图 135）、《明宣宗斗鹌鹑图轴》（图 136）和《明宪宗行乐图卷》（图 137）中，我们都可以看到身着织金龙纹曳撒的皇帝与穿曳撒的宦官群体形象。

对于明朝官员身穿曳撒的情况，文献中亦不乏记述。如"永乐间，禁中允端午、重九时节游赏……翰林儒臣小帽、䄌䙚，侍

图 134 《明宪宗调禽图》中的曳撒

图 135 《明宣宗行乐图卷》中的曳撒

图 136 《明宣宗斗鹌鹑图轴》中的曳撒 图 137 《明宪宗行乐图卷》中的曳撒

从以观”。[75] 正德年间任应天府丞的寇天叙更是“每日戴小帽，穿一撒坐堂”。[76]

明代中期以后，曳撒已不仅作为便服，而且能以更正式的身份出现。如前述正德十三年，武宗皇帝从宣府回京，令在京百官以大帽、曳撒奉迎之事。明代小说中对身着曳撒的官员也有描绘，如时事小说《魏忠贤小说斥奸书》中描写大宦官魏忠贤的仪仗队伍时这样写道：“提督街道的锦衣……稍中排列些马导指挥，或是大帽曳撒，或是戎装披挂。”[77] 由以上种种材料可见曳撒在明代上层统治集团中行用之普遍。

在明代考古发掘中，曳撒实物亦多有所获。[78] 典型者如 1961 年在北京南苑苇子坑发掘的明正德年间外戚夏儒夫妇墓葬，从中出土了几件保存完好的曳撒袍服。虽然早年考古发掘报告中的黑白照片不甚清晰，但我们仍能看出这些曳撒袍上绣有云龙，十分精美（图 138）。

1. 云龙桩花绸袍

2. 云龙桩花绸朝袍

3. 云龙桩花缎夹袍

4. 云龙桩花纱袍

图 138　北京南苑苇子坑明代墓出土的曳撒

我们可以清楚地看到曳撒袍下摆中间无褶平坦，而且两旁有突出的细褶。

但有明一代，曳撒的行用范围并不是固定不变的，它有一个逐渐向下的扩散趋势。明代中后期，士大夫也开始将曳撒袍作为燕居之服，并且用以参加宴会。明代史学家王世贞在其《觚不觚录》中言："迩年以来……士大夫宴会必衣曳撒。"[79] 而这一材料也多被服饰史研究论著所引。实际上，在很多史料中都有这方面的记载。如尹直曾言："予休致家居……燕居，则……多服曳𧝓。或有请服深衣幅巾者，予应之曰：'此时王之制，所宜尊也。……某为今世之人，当服今人之服。'"[80] 再如，明末清初史学家查继佐在其《罪惟录》中写道："隆庆初……士大夫忽以曳撒为夸，争相制用。"[81] 可知及至明代中晚期，曳撒已经在士大夫圈子里传播开来。

其实仔细考察各类历史文献就会发现，曳撒的行用范围实际上扩展得更广。如主要记载明代南京地区社会风貌的史料笔记《客座赘语》中载："南都在正、嘉间，医多名家……其人多笃实纯谨，有士君子之行。常服青布曳𧝓，系小皂绦顶圆帽，着白皮靴。"[82] 说明明代中期民间医家已有穿曳撒出诊的了。前引《二刻拍案惊奇》中写到"穿一撒的家人"，说明明代后期奴仆也有身穿曳撒的。而在明代嘉靖刻本戏文《荔镜记》插图中我们也能看到身穿曳撒的衙役形象（图 139）。

图 139 《荔镜记》插图中身穿曳撒的衙役形象

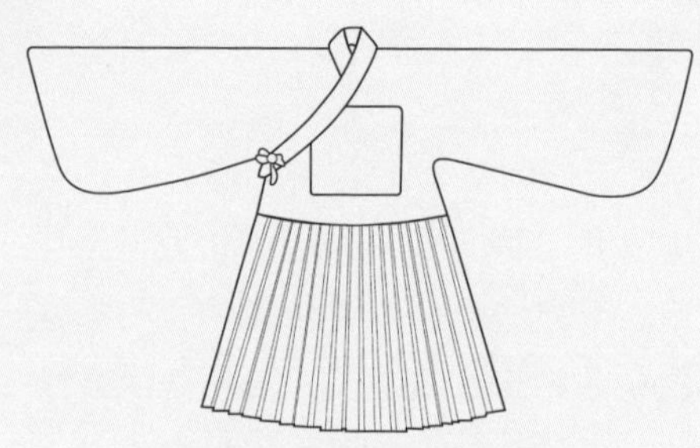

图 140　明代褶子衣示意

图 141　明过肩通袖褶子龙袍

由此可见，纵观有明一代，曳撒经历了一个不断扩大行用范围，从社会上层走向民间的发展过程。

此外，还有一类受到元代辫线袄影响的明代服饰，就是褶子衣。明末著名学者方以智在其代表作《通雅》中写道："近世褶子衣……而下幅皆襞积细折如裙。"[83] 由此可知，褶子衣为交领宽袖，下摆折满密集的褶子，而并不像曳撒中留空隙，并且有的胸背缀有补子（图 140）。因此相比曳撒袍对腰线袄的改造来说，褶子衣则更多地保留了辫线袄的原有特点。

在明代考古发掘中，褶子衣的发现是十分丰富的，[84] 并且多发现于皇室、官吏以及士人的墓葬。如 20 世纪 50 年代明定陵发掘中出土了一件万历皇帝的褶子衣样式龙袍，非常华丽（图 141）。曲阜孔府旧藏有一件飞鱼服，实质上就是一件褶子衣（图 142）。

实际上，褶子衣只是一种泛称，其下还有多种款式，分别配有不同的名称。碍于篇幅，不再赘述。

综上所述，源自腰线袄的曳撒和褶子衣在明代都广泛地存在，而且多明代上层统治集团所行用，但是曳撒呈现出了不断扩大行

图 142　孔府旧藏褶子飞鱼服整体与褶子细部

用范围，从上向下不断“渗透”的演变过程。究其原因，与其继承了元代辫线袄适于骑马、方便出行的形制优点有很大关系。而褶子衣则更多在社会上层行用，并没有明显的下移趋势，这或许是因为其衣饰华丽，庶民难以穿着。但笔者目前所见史料尚缺乏这方面因素的明确记载，有待进一步考证。

值得注意的是，由于明代宫廷中的普遍穿着公服为曳撒，这种服饰便具有了某种“威仪”甚至“光荣”色彩。如《西山日记》记载明代名臣徐阶的一件逸事：“徐文贞命其子璠督万寿宫之役甚勤。令人私觇之，曰：‘公子作何装束？’曰：‘衣冠如常仪。’公怒命易以曳襒、袖金。钱劳诸役，惰者辄与杖，百日而工成焉。”[85]易服曳撒竟是诸项加强工程管理措施中的第一项，十分有趣。类似的，《云间杂识》记载徐阶的另一件逸事：“徐文贞公居家祀先，每戴大帽，衣大红曳襒。人不晓其故。盖直庐之服也。”[86]大帽、曳撒作为宫廷侍从的“直庐之服”，具有某种国家威严的色彩，因此徐阶在祭祀祖先时都要换戴大帽和穿大红曳撒，以显示“光耀门楣”。

（八）质孙

质孙，在文献中又写作“只孙”“直孙”“济逊”“只逊”，是蒙元时代宫廷大宴中皇帝赐给大臣所穿的宫廷礼仪服装，在蒙元服饰中占有重要地位。

对于质孙在明代的存留，以往论著较少涉及。材料表明，质孙服在明代主要作为宫廷护卫和仪仗卫士（明代多称为“校尉”）的固定服装。如《大明会典》中载：“（洪武）六年令……校尉只孙、束带、幞头、靴鞋。”[87]又载：“直东西城路锦衣卫校尉五百人，鸣鞭及擎执伞扇仪仗者，鹅帽、只孙、抹金铜束带、皂靴列午门内外。”[88]《明实录》亦载：“执事校尉每人鹅帽、只孙衣、铜带、靴履鞋一副，俱全常朝。”[89]除正史政书，明清人笔记中也留下了一些关于明代校尉身着质孙服的记载。如《春明梦余录》中载："其校尉皆衣质孙，其名仍元旧也。……此元人礼服，后乃为下役之服。"[90]《菽园杂记》中载："直驾校尉着团花红绿衣，戴饰金漆帽，名曰'只孙鹅帽'。"[91]《通雅》亦载："团花曰'只逊'，因元之'质孙'也。……锦衣校尉自抬辇以至持扇、镗、幡、幢、鸣鞭者，衣皆红青玄，纺绢地，织成团花五彩，名曰'只逊'……今单以衣校尉而书作'只逊'。"[92]而且明代圣旨中经常有织造质孙的内容，如《万历野获编》中载："今圣旨中，时有制造只孙件数，亦起于元。"[93]《长安客话》中亦载："在朝见下工部旨，造只逊八百副。皆不知只逊何物，后乃知为上直校鹅帽锦衣也。"[94]说明随着明朝立国日久，虽然质孙仍然存在，但人们已经不完全清楚其名称的真实含义了。

综上所述，明代质孙服虽有遗留，但相较其他几种蒙元服饰远为落寞，行用范围很有限，并且为"下役之服"。不知这是否与前述钹笠帽类似，也反映出一种对前朝的否定态度。

（九）比甲

比甲是蒙元服饰中一种适合骑射的便服。对襟直领，没有领袖，前短后长，无袖或半臂，总体来说是一种形制特别的马甲。关于它的起源，《元史》中记载为元世祖皇后察必所创，"又制一衣，前有裳无衽，后长倍于前，亦无领袖，缀以两襻，名曰'比甲'，以便弓马，时皆仿之"。[95]无论此说是否可信，都说明比甲是元代蒙古族群所创的一种骑射服装。

进入明代之后，比甲继续存在。我们在明代宫廷画中经常可以看到身着比甲的明帝射猎形象，如故宫博物院和台北故宫博物院所藏两幅《明宣宗射猎图》以及《明宣宗行乐图》就是典型（图 143、图 144 和图 145）。

图 143　故宫博物院藏《明宣宗射猎图》中着比甲的明宣宗形象

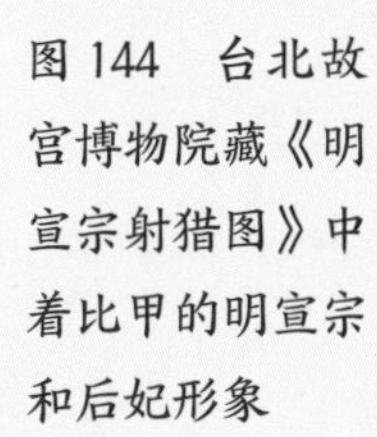

图 144　台北故宫博物院藏《明宣宗射猎图》中着比甲的明宣宗和后妃形象

图 145《明宣宗行乐图》中着比甲的明宣宗形象

图146　宝宁寺水陆画中身着半臂比甲的人物形象

并且明人已认识到其源于蒙元服饰。如嘉靖进士、官至太仆寺卿的陈绛在《金罍子》中言："(元世祖皇后制比甲)则今比甲所自始。"[96]并且明代学者陈士元认为元代比甲"与今时比甲之制稍异"，[97]说明明代的比甲在形制上有所发展。

此外，在明代宝宁寺水陆画中我们也可以看到身着半臂比甲的人物形象。其在点数纸钞，似乎是商人形象（图146）。

明代的比甲最主要的是作为女性服饰，其便于骑射的优势发挥得不多。如《万历野获编》中言："(比甲)流传至今，而北方妇女尤尚之，以为日用常服。"[98]可见比甲的行用还出现了地域化的特点。

明代女性所穿比甲不仅行用广泛，还衍生出很多不同质地和花色的款式。如《西游记》中载有"浅红比甲""烟里火比甲""绿绒花比甲"等样式。[99]《金瓶梅》中的记载就更加丰富了，如："李娇儿是沉香色遍地金比甲，孟玉楼是绿遍地金比甲，潘金莲是大红遍地金比甲，头上珠翠堆盈、凤钗半卸。"[100]此外还有"蓝比甲""大红焦布比甲""蓝纱比甲""玄色段金比甲""云绢比甲""玄色段子妆花比甲"种种名目。可见明代的比甲主要作为女性服装，且获得很大的推广。

第三章　遗俗流变：蒙古服饰的深层影响

通过前两章的探讨，我们已经清晰地了解蒙古服饰在元明社会中的广泛行用，各类款式都有不同程度的影响。即使元朝崩溃，汉族政权明朝取而代之，蒙古服饰仍然没有在明代社会中销声匿迹，而是继续流传存在。更重要的是，蒙古服饰的一些合理化因素在明代服饰中继续存在，并适应汉地社会的环境和风俗有了一定改变。但蒙古服饰的影响并不单纯局限于明代服饰形制的物质层面，其影响之深远主要体现在两个方面：一是对明代士大夫精神文化世界的影响；二是对清代服饰的长时段影响。本章初步尝试探讨这两个问题，以为这些重要问题的深入探索打开门径。

一　明代士大夫对蒙元服饰遗存的认知

在第二章中，笔者通过诸多具有代表性的服饰案例，阐明了蒙元服饰在明代社会中的行用情况，以及有关的社会文化问题，但物质文化往往还会延伸到精神文化层面。因此，蒙元服饰在明代社会中的流变也会带来某些精神文化方面的影响，如前文揭示的曳撒在明人心中所具有的官府“威仪”便是一例。

因此在研究过程中，有一个问题是无法回避的，那就是对于如此广泛存在的蒙元服饰影响，明人的态度是怎样的。他们是否意识到这一点？是否有所反应呢？鉴于中国古代历史的话语权基本掌握在知识分子群体即士大夫手中，因此这一系列问题的实质就是明代士大夫对蒙元服饰遗存的态度问题。笔者将收集到的有关材料集中起来，试图还原明人对这一问题的基本态度。

纵观有明一代有关的史料记载，明代士大夫对蒙元服饰遗存普遍持一种无视和容忍的态度，甚至可以概括为一种集体性的“失忆”。他们对这些带有明显北方游牧民族特征的服饰采取了无视其来源的态度，对其在明代社会中的行用认为是自然而然的现象。更加吊诡的是，明代士大夫对蒙元样式的服饰赋予了新的“起源”，直接攀附上宋制甚至唐制。

如嘉靖时期权臣严嵩对明世宗所赐的大帽吟咏道：“赐来大帽号烟墩，云是唐王古制存。金顶宝装齐戴好，路人只拟是王孙。”[1] 另一个鲜明的例子是沈德符的描述：“近又珍玉帽顶，其大有至三寸，高有至四寸者。价比三十年前加十倍，以其可作鼎、彝盖上嵌饰也。问之，皆曰此宋制，又有云宋人尚未办此，必唐物也。竟不晓此乃故元时物。”[2]

由以上两个例子可以看到，明代士大夫对蒙元服饰遗存的认知程度是不高的。可能是因为漫长时间的流转，时代的更替，多数明人已经认识不清这些珍奇服饰背后的北方民族来源了。而他们不约而同地将其归结为唐宋之服饰制度，则是由明代特殊的政治环境造成的。

有趣的是，在“失忆”与重构的基础上，当明人面对当时北方的蒙古服饰时，其形制的相似也没有唤起他们太多的记忆。如萧大亨在描述明代蒙古的帽式时说：“其帽如我大帽而制特小，仅可以覆额。”[3] 其实已经道出了明代大帽与蒙古帽式的亲缘关系，但这在明人中却没有引起过多的怀疑，一切都当作很自然的事情。

可见这种“失忆”和重构已经根深蒂固。

如前文所述，明初朱元璋的一大政治措施就是禁断胡服，恢复唐制。根据新近的研究，明初的这一政治改革是十分严谨理性的，经过了严密的服饰制度设计，[4]而非空洞的政治口号与王朝政令。因此，“唐宋之制”便成为明代服饰名物的仿效标准，尤其唐制更是成为明王朝制度重建的终极目标。

这一最高统治者指定的政治主导思想便由上而下进入了明代士大夫的思想世界，成为明代社会的“主旋律”。如刘夏认为明朝“特慕唐朝尊重之俗”。[5]《大明一统赋》中强调：“一洗胡俗兮世皆复古”，“复中国之衣冠”。[6]《国榷》称赞：“用夏变夷”，“再辟宇宙”。[7]

因此，明代士大夫将装饰华丽的蒙元服饰统统称为“唐制”，也是在这一时代思想潜移默化的影响下自然而然发展的结果。一方面，其满足了美化、穿戴蒙元服饰者自身与追求经济利益的双重需求；另一方面，蒙元服饰遗存也借由“唐制”的外衣获得了那个时代至高的合法性，得以持久、广泛地在明代社会中行用，变成一股无法靠个人力量改变的发展趋势。

由此，在士大夫集体性“失忆”的基础上，蒙元服饰遗存应和着明代的时代精神，在明人的思想世界中完成了自我重构的过程，变成了“唐制”的合理化身。这并不是某些人主观推动的结果，而是事物客观发展的结果，确实发人深省。

但需要注意的是，这并不代表明代士大夫都如此缺乏历史眼光，还是有少数具有学术修养的文人能够指出当时蒙元服饰广泛行用的政治矛盾现象。如前述沈德符已经指出：“此乃故元时物。”“若细缝裤褶，自是虏人上马之衣，何故士绅用之以为庄服也？”[8] 类似的记载，还有胡缵宗称：“何然大帽、半袖胡服亦未尽革也？”[9] 虞守随针对大帽、曳撒评论道：“中国之所以为中国者，以有礼义之风，衣冠文物之美也。忽此不务，非所以为中国。”[10] 杨一清上书道：“曳撒、鞠衣之类，既非先王之制，又非常用不可无之物。”[11]

从以上言论可以看出，明代还是存在一些对社会发展有着明确认知的士大夫。由此也可理解，为何有明一代，明廷会不断下达和重申胡服胡俗禁令。他们正是这一政治行为的推动力量。但在浮躁的明代社会，他们毕竟是微弱的少数。

二　蒙元服饰对清代服饰的影响

这里的内容是针对前文的进一步思考，很多问题只是给出笔者所收集到的材料，展现其所承载的内容，以供大家思考。

（一）清代的暖帽与凉帽

暖帽是清代官员冬天所戴的官帽（图 147），我们从很多文物资料和清代题材影视剧中都可以看到。而其与元明时代的卷檐帽在形制上基本是一致的。

图 147　清代官员所戴暖帽实物

由前文展示的大量元明时代的图像和文献史料，可以看到清代的暖帽并非满洲独创，其在元明社会中已有大量传承行用。这说明暖帽在清代社会之所以能够通行，除政治推动因素外，元明时代已形成的历史传统或许也是原因之一。不管暖帽是承自蒙元，还是其族俗长期存在，至少在形制上我们看到了两者的一致性。

图148　清代官员所戴凉帽实物

除暖帽外，清代官员的凉帽也并不是满洲所独有的帽冠。它本身是一种覆钵式笠帽，有帽顶、红缨和花翎（图148）。

而在元代的考古文物资料中，我们已经可以清晰地看到覆钵式笠帽形象。如山西博物院藏元代骑马俑所戴就是一种类似清代凉帽的覆钵式笠帽（图149）。仔细观察，帽上似乎还有红色的缨穗，基本与清代凉帽如出一辙。

图149　山西博物院藏戴覆钵式笠帽的元代骑马俑

此外还有瓜皮帽，前文已有阐述，这里不再赘述。

（二）直檐大帽

在清代一些宦迹类型绘画中还可以看到戴着

直檐大帽的衙役和胥吏形象，如《丕翁先生巡视台阳图》中就有这种形象（图 150）。说明明代的这一服饰传统并没有完全淹没在清代推行满洲服饰的大潮之中。

图 150 《丕翁先生巡视台阳图》局部

（三）皇帝朝袍

清代皇帝的朝袍，其下摆也打有密密的细褶（图 151），与元代辫线袄、明代曳撒在形制上有很多相近之处。其来源有待考证，但远承自以蒙古民族为代表的北方民族服饰风俗的解释还是为我们提供了一种可能性。

通过中长时段的考察可以看到，以往认为是满洲服饰典型的一些清代服饰式样并不是在清代才开始出现的。这些所谓的清代满洲服饰在汉地的行用其实远远早于清代，是蒙元服饰遗存不仅跨越明代，而且进一步影响到清代服饰的例证。这一点颠覆了我们的一般认识。通过以上案例，我们可以体会到历史传统的巨大力量和长时段研究方法的必要性。因此即使研究与前代有较大断裂性的清代汉族地区的服饰式样，也不能把眼光局限在清代，而不去上溯更悠远的历史传统。由此，清初“剃发易服”的实际推行情况和历史影响就需要重新研究和评估了。

图 151　清代皇帝的朝袍

结语

蒙古服饰是适应蒙古草原自然环境的骑射游牧之服。它有两种类型，一种是蒙古本族群所具有的衣冠服饰，另一种是前代就已存在，但因为适应蒙古人的游牧骑射生活而被采用，并伴随蒙古入主中原而被扩大行用的服饰。

通过前三章的研究探讨，从史料的证实到服饰实例的图文研究，我们可以清晰地看到，从元代到明代的社会服饰中，蒙元服饰的影响广泛存在。而且这种影响贯穿有明一代，并不完全像有些学者所言，只存在于明初。[1]这种影响甚至延伸到了清代。不同的服饰款式亦呈现多元化的传播状态。有的在平民中流行很广，如瓜皮帽；有的在社会中行用有限，如质孙服。有的主要为统治集团所用，如直檐大帽；有的则主要行用于下层人群，如钹笠帽和卷檐帽。有的还形成了身份性或是职业性的标志，如卷檐帽和板巾；而曳撒更是经历了一个从上层向民间"渗透"的传播过程。究其原因，元代业已形成的历史传统、服饰本身的特点能够满足明代社会的具体需要以及明廷的政治推动成为促成这一行用传播状态的三大因素。此外，一些蒙元服饰遗存在明代被赋予了某种身份和职业象征意义，在明代社会心理层面留下了印记。

前文已经初步探讨过，明代士大夫对蒙元服饰遗存的普遍认知经历了集体性“失忆”与重新建构的复杂过程，将其与“唐制”混杂在了一起。因此，这是一个值得继续深入研究的问题。

值得注意的是，在明廷赏赐北方蒙古部落首领的物品中，这些具有蒙元特点的服装经常组成“套装”列于其中。如《明实录》载：“（正统四年）赐可汗脱脱不花王……金嵌宝石绒毡帽一顶……青暗花井口对襟曳撒一、织金胸背麒麟并四宝四季花褡护、比甲各一。”“（正统六年）赐可汗五色彩段并苎丝蟒龙直领褡护、曳撒、比甲、贴里一套。”[2]这或许说明了这些服饰的同源关系。由于更加适应蒙古部落的生活方式，因此适合作为对北方游牧民族的赏赐之物。

此外还需要辨析的是，直檐大帽和钹笠帽在明代文献中有时都写为“大帽”。因为这两种帽式都有帽式宽大的特点，因此文献（尤其是小说戏曲）就用“大帽”这种含糊不清的泛称指代两种帽式。这给笔者试图通过文献记载考察两种帽式的有关情况造成较大困难。但通过对行用人群、帽式材质以及社会心理影响等方面的考察，并结合图像史料，可以辨明这两种“大帽”的区别。虽然都称为“大帽”，但因为行用阶层地位悬殊，并且分别象征了“官僚”和“家仆”两类相差极大的身份，因此可以看出官僚所戴的“大帽”与家奴所戴的“大帽”，实际上分别是指直檐大帽和钹笠帽。

通过本书的论述，我们可以清楚地看到：伴随着蒙元统治在汉地的逐渐确立，汉族服饰受到了占据统治地位的蒙古族群服饰相当广泛深刻的影响，而且这种影响具有顽强的生命力，并没有因为元祚覆灭而退出历史舞台，反而在明清社会中以各种形式存在。

经过了金元时代北方民族大规模内迁的洗礼，明代的服饰状况已与唐宋有很大不同，可以说在某种程度上呈现出另一种社会面貌。如《大明一统赋》中吟咏当时的衣冠之制，除了唐宋已有的传统汉族服饰样式外，还出现了诸如“小帽”“大帽”“搭护”“褶子”“裡（曳）撒”等受蒙元影响而产生的新式样。[3]

此外，通过图像史料与文献史料对比研究的方法，我们还可以得出一些具有方法论意义的结论：对于古代服饰等物质文化史问题，与图像史料相比，文献史料往往具有模糊性和不准确性。由此，图像史料的独特价值就凸显出来了。正如英国著名新文化史学家彼得·伯克（Peter Burke）在其著作《图像证史》中引用库尔特·塔科尔斯基的名言“一幅画所说的话何止千言万语”，[4]对名物描述更加直观生动、信息量更大的的图像史料正可以弥补文献史料之不足，引领我们更进一步接近名物制度的历史真实。

而通过服饰这一具体的角度，我们更可以窥视到整个中国古代后半期的社会脉动。诚如明人虞守随所说：“服饰在人，其事若小而所系甚大。”[5]西方史学家布罗代尔亦言：“时装……深刻反映着特定社会、特定经济、特定文明的特征。”[6]

限于元明史料，尤其明代史料浩繁，梳理分析任务艰巨；加之本书研究又涉及服饰史、政治文化史、工艺美术史、中外交通史等诸多领域。笔者学力浅薄，本书的研究只能浅尝辄止，还有很多更深层次的元明服饰中的蒙古影响问题没有涉及。如元代帽顶、帽缨的使用，纳石失（织金锦服装）的流行，“胸背”“宝里”“贴里”“方领”“纹样”等服饰问题，这些只能留待以后继续深入探讨。

但如果探讨更深层次的问题，那么以金元为起点，北方族群大规模进入汉地所导致的一系列中国古代社会的变迁，由本书切入的服饰史角度亦可窥见一斑。本书的探究重新审视了中国历史上的民族交流状况，即我们应该看到民族之间的影响是一种互动的过程。不仅民族如此，社会中的各种影响都存在对双方的影响，而非单一方向的输出。本书对元明服饰的重新审视也更加印证了“中华民族共同体”的持久生命力。

注释

第一章　马上衣冠：元代服饰中的蒙古因素

1　沈从文:《中国古代服饰研究》(增订本)，香港：商务印书馆，1992；周锡保:《中国古代服饰史》，中国戏剧出版社，1984；袁杰英编著《中国历代服饰史》，高等教育出版社，1994；黄能馥、陈娟娟编著《中国服装史》，中国旅游出版社，1995；高春明:《中国服饰名物考》，上海文化出版社，2001。

2　欧阳琦:《元代服装小考》,《装饰》2006年第8期。

3　周玲、张连举:《元杂剧中的服饰风俗文化遗存》,《贵州文史丛刊》2004年第4期。

4　苏力:《原本〈老乞大〉所见元代衣俗》,《呼伦贝尔学院学报》2006年第5期。

5　侯玉敏:《蒙古民族服饰艺术刍论》,《内蒙古艺术》2005年第1期。

6　杨玲:《元代丝织品研究》，博士学位论文，南开大学，2005。

7　李德仁:《山西右玉宝宁寺元代水陆画论略》,《美术观察》2000年第8期。

8　楼淑琦:《元代织金锦服饰工艺及修复》,《内蒙古文物考古》2006年第1期。

9　黄雪寅:《13—14世纪蒙古族衣冠服饰的图案艺术》,《内蒙古文物考古》1999年第2期。

10 苏日娜:《蒙元时期蒙古族的服饰原料——蒙元时期蒙古族服饰研究之一》,《黑龙江民族丛刊》2000 年第 1 期;《蒙元时期蒙古族的发式与帽冠——蒙元时期蒙古族服饰研究之二》,《黑龙江民族丛刊》2000 年第 2 期;《蒙元时期蒙古人的袍服与靴子——蒙元时期蒙古族服饰研究之三》,《黑龙江民族丛刊》2000 年第 3 期。

11 苏日娜:《罟罟冠形制考》,《中央民族大学学报》2002 年第 2 期。

12 金琳:《云肩在蒙元服饰中的运用》,《内蒙古大学艺术学院学报》2006 年第 3 期。

13 赵丰:《蒙元龙袍的类型及地位》,《文物》2006 年第 8 期。

14 李莉莎:《论〈蒙古秘史〉中的服装描述及其文化蕴意》,《内蒙古社会科学》2006 年第 6 期。

15 《明武宗实录》卷一七〇,正德十四年春正月乙卯,台北:中研院历史语言研究所,1962,第 3285 页。

16 杜若:《元明之际金齿百夷服饰、礼俗、发式的变革——兼述两本〈百夷传〉所记“胡人”风俗对金齿百夷的影响》,《思想战线》1996 年第 5 期。

17 王先慎:《韩非子集解》卷一一,钟哲点校,中华书局,1998,第 282 页。

18 《晋书》卷六五《王导传》,中华书局,1974,第 1751 页。

19 元初也有过令汉人剃发的行为,但成宗大德年间后就“各从其便,于礼为宜”了。见《元典章》卷二九《礼部卷二 · 服色 · 南北士服各从其便》,陈高华、张帆、刘晓、党宝海点校,中华书局、天津古籍出版社,2011,第 1036 页。

20 权衡撰,任崇岳笺证《庚申外史笺证》,中州古籍出版社,1991,第 115 页。

21 彭大雅、徐霆撰,许全胜校注《黑鞑事略校注》,兰州大学出版社,2014,第 47 页。

22 郑思肖:《心史 · 大义略叙》,《郑思肖集》,陈福康校点,上海古籍出版社,1991,第 182 页。

23 郑介夫:《太平策 · 厚俗》,李修生主编《全元文》卷一二一八,江苏古籍出版社,1998,第 42 页。

24 《元典章》卷五八《禁织大龙段子》，第 1963 页。

25 叶子奇:《草木子》卷三《杂制篇》，中华书局，1959，第 61 页。

26 刘一清撰，王瑞来校笺《钱塘遗事校笺考原》卷九《丙子北狩》，中华书局，2016，第 331 页。

27 宋濂:《芝园前集》卷一〇《北麓处士李府君墓碣》,《宋濂全集》，浙江古籍出版社，2014，第 1529 页。

28 《方孝孺集》卷二二《俞先生墓表》，徐光大校点，浙江古籍出版社，2013，第 824—825 页。

29 原作“深檐胡俗”，据校勘记改“俗”作“帽”。见《明太祖实录校勘记》卷三〇，第 103 页。

30 《明太祖实录》卷三〇，洪武元年二月壬子，第 525 页。

31 史玄:《旧京遗事》卷二，清退山氏抄本，叶 14b、15a。另《旧京遗事》现代点校本作“高皇帝驱逐故元，首禁元服、元语……嬉戏如吴儿”。可知其所据底本“双肇楼丛书本”为清代的篡改本。参见《旧京遗事》，北京古籍出版社，1986，第 23 页。

32 郑晓:《吾学编》卷九《皇明大政记》,《北京图书馆古籍珍本丛刊》第 12 册，影印明隆庆元年郑履淳刻本，书目文献出版社，1988，第 58 页上；李贽:《续藏书》卷一六《经济名臣 · 尚书何文肃公》，中华书局，1974，第 7 册，第 1129 页。

33 陈宝良:《明代社会生活史》，中国社会科学出版社，2004，第 206—207 页。

34 彭大雅、徐霆撰，许全胜校注《黑鞑事略校注》，第 41 页。

35 郑思肖:《心史 · 大义略叙》,《郑思肖集》，第 181 页。

36 叶子奇:《草木子》卷三《杂制篇》，第 61 页。

37 彭大雅、徐霆撰，许全胜校注《黑鞑事略校注》，第 47 页。

38 郑思肖:《心史 · 大义略叙》,《郑思肖集》，第 182 页。

39 沈德符:《万历野获编》卷二六《玩具》“云南雕漆”条，中华书局，1959，第 662 页。

40 《元史》卷七八《舆服志一》，中华书局，1976，第 1938 页。

41 仅将笔者所见罗列于下：王玉清、杭德州《西安曲江池西村元墓清理简报》,《文物参考资料》1958 年第 6 期;山西省文物管理委员会、山西省考古研究所《山西文水北峪口的一座古墓》,《考古》1961 年第 3 期;项春松、王建国《内蒙昭盟赤峰三眼井元代壁画墓》,《文物》1982 年第 1 期;刘宝爱、张德文《陕西宝鸡元墓》,《文物》1992 年第 2 期;济南市文化局文物处《济南柴油机厂元代砖雕壁画墓》,《文物》1992 年第 2 期;内蒙古自治区文化厅文物处、乌兰察布盟文物工作站《内蒙古凉城县后德胜元墓清理简报》,《文物》1994 年第 10 期;商彤流、解光启《山西交城县的一座元代石室墓》,《文物世界》1996 年第 4 期;翟春玲、翟荣、贾晓燕《西安电子城出土元代文物》,《文博》2002 年第 5 期;刘善沂、王惠明《济南市历城区宋元壁画墓》,《文物》2005 年第 11 期;刘善沂《山东长清、平阴元代石刻壁画墓》,《文物》2008 年第 2 期;西安市文物保护考古所《西安南郊元代王世英墓清理简报》,《文物》2008 年第 6 期;济南市考古研究院、济南市章丘区博物馆《山东章丘清源大街元代壁画墓》,《中国国家博物馆馆刊》2022 年第 6 期;汪伟《庙宇元代壁画墓》,《红岩春秋》2020 年第 11 期;南阳市文物考古研究所《南阳桐柏卢寨元代壁画墓发掘简报》,《中原文物》2022 年第 1 期。

42 笔者所见有:李京华《洛阳发现的带壁画古墓》,《文物参考资料》1958 年第 1 期;咸阳地区文物管理委员会《陕西户县贺氏墓出土大量元代俑》,《文物》1979 年第 4 期;甘肃省博物馆、漳县文化馆《甘肃漳县元代汪世显家族墓葬——简报之二》,《文物》1982 年第 2 期;马志祥、张孝绒《西安曲江元李新昭墓》,《文博》1988 年第 2 期;济南市文化局、章丘县博物馆《济南近年发现的元代砖雕壁画墓》,《文物》1992 年第 2 期;吕劲松《洛阳伊川元墓发掘简报》,《文物》1993 年第 5 期;内蒙古自治区文化厅文物处、乌兰察布盟文物工作站《内蒙古凉城县后德胜元墓清理简报》,《文物》1994 年第 10 期;刘善沂、王惠明《济南市历城区宋元壁画墓》,《文物》2005 年年第 11 期;等等。

43 李莉莎:《蒙古族服饰文化史考》,中国纺织出版社,2022,第 174 页。

44 《多桑蒙古史》,冯承钧译,中华书局,1962,第 28 页。

45 有关此墓的发掘报告,见陕西省考古研究所《陕西蒲城洞耳村元代壁画墓》,《考古与文物》2000 年第 1 期。

46 《元史》卷一一四《世祖后察必传》，第 2872 页。

47 关于这一段史料，张佳认为察必设计的是钹笠帽，大德年间以后才在民间流行。但笔者认为还需要进一步探讨并找出坚实的依据。参见张佳《“深檐胡帽”：一种女真帽式盛衰变异背后的族群与文化变迁》，《故宫博物院院刊》2019 年第 2 期，第 39 页。

48 宋濂:《芝园前集》卷一〇《北麓处士李府君墓碣》，《宋濂全集》，第 1529 页。

49 周锡保:《中国古代服饰史》，第 360 页。其言:“《东京梦华录》中就曾记载过这种帽子:‘跨马之士，或小……或漆皮如戽斗而笼巾者。’案戽斗即舟中渫水的器具，其形底小而口敞，也是类似笠式。”这一观点是一种简单的类比，缺乏形象资料，需要深入探讨。

50 张佳:《“深檐胡帽”：一种女真帽式盛衰变异背后的族群与文化变迁》，《故宫博物院院刊》2019 年第 2 期。

51 李莉莎:《蒙古族服饰文化史考》，第 179 页。

52 大同市文物陈列馆、山西云冈文物管理所:《山西省大同市元代冯道真、王青墓清理简报》，《文物》1962 年第 10 期，第 32 页。

53 钱谦益:《国初群雄事略》卷八《周张士诚》，张德信、韩志远点校，中华书局，1982，第 206—207 页。

54 参见苏日娜《蒙元时期蒙古族的发式与帽冠——蒙元时期蒙古族服饰研究之二》，《黑龙江民族丛刊》2000 年第 2 期；孟根卓拉《13—14 世纪的蒙古族发式研究——以蒙古国境内出土实物为例》，硕士学位论文，内蒙古民族大学，2020。

55 赵珙:《蒙鞑备录笺证 · 风俗》，《王国维遗书》第 13 册，上海古籍书店，1983，叶 15b。

56 郑思肖:《心史 · 大义略叙》，《郑思肖集》，第 181—182 页。

57 〔意〕加宾尼:《蒙古史》，〔英〕道森编《出使蒙古记》，吕浦译，中国社会科学出版社，1983，第 7 页。

58 《鲁不鲁乞东游记》，〔英〕道森编《出使蒙古记》，第 119 页。

59 叶子奇:《草木子》卷三《杂制篇》，第 61 页。

60 郑思肖:《心史 · 大义略叙》，《郑思肖集》，第 182 页。

61 王祎:《时斋先生俞公墓表》，李修生主编《全元文》卷一六九二，第618页。

62 郑麟趾:《高丽史》(标点校勘本)卷七二《舆服志》，孙晓主编，西南师范大学出版社、人民出版社，2014，第2266页。

63 《元史》卷七八《舆服志一》，第1941页。

64 彭大雅、徐霆撰，许全胜校注《黑鞑事略校注》，第49—50页。

65 王同轨:《耳谈类增》卷四一《元胡乱华之祸》，吕友仁、孙顺霖校点，中州古籍出版社，1994，第351页。

66 叶子奇:《草木子》卷三《杂制篇》，第61页。

67 贯通性服饰史著作中涉及元代辫线袄的可参见史卫民《元代社会生活史》，中国社会科学出版社，1996，第91页；苏日娜《蒙元时期蒙古人的袍服》,《内蒙古大学学报》(人文社会科学版)2000年第3期；周汛、高春明《中国古代服饰风俗》，陕西人民出版社,2002，第189—190页。专门对元代辫线袄进行研究的成果可参考Dang Baohai "The Plait-line Robe: A Costume of Ancient Mongolia," *Central Asiatic Journal*, 2003, No.2, pp. 198-216；杨玲《元代的辫线袄》，李治安主编《元史论丛》第10辑，中国广播电视出版社，2005，第213—224页；党宝海、杨玲《腰线袍与辫线袄：关于古代蒙古文化史的个案研究》,《西域历史语言研究集刊》第2辑，科学出版社，2009；谢菲、贺阳《辫线袍"肩线"结构及其形成原因》,《装饰》2019年第9期；谢菲、贺阳《蒙元时期辫线袍功能性结构探讨》,《美术大观》2019年第9期。而网络上最新的论述可参考贾玺增《元代辫线袍、质孙服、宝里与贴里》一文，网址：https://weibo.com/ttarticle/p/show?id=2309404056647969419434#_0。

68 李莉莎:《蒙古族古代断腰袍及其变迁》,《内蒙古社会科学》(汉文版)2015年第2期。

69 《元史》卷七九《舆服志二》，第1991页。

70 《元史》卷七八《舆服志一》，第1983、1941页。

71 参见夏荷秀、赵丰《达茂旗大苏吉乡明水墓地出土的丝织品》,《内蒙古文物考古》1992年第Z1期。

72 叶子奇:《草木子》卷三《杂制篇》，第61页。

73　赵丰:《蒙元龙袍的类型及地位》,《文物》2006 年第 8 期，第 86 页。

74　栗林均編『「元朝秘史」モンゴル語漢字音譯·傍譯漢語對照語彙』東北大学東北アジア研究センタ、2009、129 頁。

75　《蒙古秘史》，余大钧译注，河北人民出版社，2001，第 51 页。

76　《元史》卷七八《舆服志一》，第 1938 页。

77　翟灏:《通俗编》卷二五《服饰》，颜春峰点校，中华书局，2013，第 351 页。

78　转引自刘新文《元曲精粹赏析》，华文出版社，2013，第 275 页。

79　张国宾:《相国寺公孙合汗衫》，徐征、张月中、张圣洁、奚海主编《全元曲》第 5 卷，河北教育出版社，1998，第 2989 页。

80　无名氏:《争报恩三虎下山》，徐征、张月中、张圣洁、奚海主编《全元曲》第 9 卷，第 6536、6543 页。

81　如箭内亘《蒙古之诈马宴与只孙宴》，氏著《蒙古史研究》，商务印书馆，1932，第 945—956 页；韩儒林《元代诈马宴新探》（初刊《历史研究》1981 年第 1 期），见氏著《穹庐集——元史及西北民族史研究》，上海人民出版社，1982，第 247—254 页；沈从文《中国古代服饰研究》，第 522 页；史卫民《元代社会生活史》，第 103—107 页；苏日娜《蒙元时期蒙古人的袍服》,《内蒙古大学学报》（人文社会科学版）2000 年第 3 期；李莉莎《质孙服考略》,《内蒙古大学学报》2008 年第 2 期。

82　苏天爵编《元文类》卷四一《经世大典序录 · 礼典 · 燕飨》，张金铣点校，安徽大学出版社，2020，第 786—787 页。

83　虞集:《道园学古录》卷二三《句容郡王世绩碑》,《四部丛刊初编》本，影印明景泰翻元小字本，第 108 页；卷二四《曹南王勋德碑》，第 132 页。

84　〔意〕加宾尼:《蒙古史》,〔英〕道森编《出使蒙古记》，第 60 页。

85　《元史》卷七八《舆服志一》，第 1938 页。

86　《马可 · 波罗行纪》第 86 章《每年大汗之诞节》,〔法〕A.J.H.Charignon（沙海昂）注，冯承钧译，中华书局，1954，第 353 页。

87　可参见李莉莎《质孙服考略》,《内蒙古大学学报》2008 年第 2 期。

88　苏天爵编《元文类》卷四一《经世大典序录 · 礼典 · 燕飨》，第 787 页；

《王恽全集汇校》卷五七《大元故关西军储大使吕公神道碑铭》，杨亮、钟彦飞点校，中华书局，2013，第2555页。

89　笔者所见有：虞集《道园学古录》卷一八《中书平章政事蔡国张公墓志铭》，第94页；卷二三《句容郡王世绩碑》，第108页；卷二四《曹南王勋德碑》，第124页。《黄溍集》卷二九《宣徽使太保定国忠亮公神道第二碑》，王颋点校，浙江古籍出版社，2013，第1085页；卷三〇《朝列大夫佥通政院事赠荣禄大夫河南江北等处行中书省平章政事柱国追封鲁国公札剌尔公神道碑》，第1113页；卷三一《集贤大学士荣禄大夫史公神道碑》，第1130页。刘岳申《申斋刘先生文集》卷八《资善大夫大都路都总管兼大兴府尹回会墓志铭》，《元代珍本文集汇刊》，台湾图书馆，影印清嘉庆杭州赵氏星凤阁转录明初抄本，1976，第363页。《赵孟頫集》卷九《故昭文馆大学士资德大夫遥授中书右丞商议通政院事领太史院事靳公墓志铭》，钱伟强点校，浙江古籍出版社，2012，第235页。《王恽全集汇校》卷五七《大元故关西军储大使吕公神道碑铭》，第2555页。《欧阳玄集》卷一一《高昌偰氏家传》，魏崇武、刘建立点校，吉林文史出版社，2009，第151页。

90　《元史》卷一二二《铁迈赤传》，第3005、3012页；卷一二四《岳璘帖穆尔传》，第3050页；卷一二七《伯颜传》，第3113页；卷一二八《土土哈传》，第3132页；卷一三二《玉哇失传》，第3209页；卷一四三《巙巙传》，第3414页；卷一四七《张弘略传》，第3477页；卷一四九《刘黑马传》，第3517页；卷一五〇《耶律阿海传》，第3550页；卷一七五《张珪传》，第4072—4073页；卷一七六《秦起宗传》，第4117页；卷一七七《吴元珪传》，第4125页；卷一七八《梁曾传》，第4135页；等等。

91　栗林均編『「元朝秘史」モンゴル語漢字音譯·傍譯漢語對照語彙』、101頁。

92　《鲁不鲁乞东游记》第6章，〔英〕道森编《出使蒙古记》，第120页。

93　叶子奇：《草木子》卷三《杂制篇》，第61页。

94　孔齐：《至正直记》卷三《缠丝玛瑙》，上海古籍出版社，1987，第109页。

95　栗林均編『「元朝秘史」モンゴル語漢字音譯·傍譯漢語對照語彙』、

485 頁。

96 火原洁:《华夷译语》,《北京图书馆古籍珍本丛刊》第 6 册，影印明抄本，第 49 页下。

97 贾敬颜、朱风合辑《蒙古译语女真译语汇编》，天津古籍出版社，1990，第 389 页。

98 转引自方龄贵主编《元明戏曲中的蒙古语》，汉语大词典出版社，1991，第 156 页。

99 《金史》卷四三《舆服志中》，中华书局，1975，第 980 页。

100 《元史》卷七八《舆服志一》，第 1940 页。

101 《元典章》典章五八《综线机张料例》，第 1958 页。

102 栗林均編『「元朝秘史」モンゴル語漢字音譯·傍譯漢語對照語彙』、81 頁。

103 《蒙古秘史》第 74 节，第 73 页。

104 李志常著，尚衍斌、黄太勇校注《长春真人西游记校注》卷上，中央民族大学出版社，2016，第 85 页。

105 彭大雅、徐霆撰，许全胜校注《黑鞑事略校注》，第 41、43 页。

106 叶子奇:《草木子》卷三《杂制篇》，第 63 页。

107 熊梦祥著，北京图书馆善本组辑《析津志辑佚 · 岁纪》，北京古籍出版社，1983，第 215—216 页。

108 潘超、丘良任、孙忠铨等主编《中华竹枝词全编》，北京出版社，2007，第 480 页。

109 〔意〕加宾尼:《蒙古史》,〔英〕道森编《出使蒙古记》，第 8 页。

110 《鲁不鲁乞东游记》,〔英〕道森编《出使蒙古记》，第 120 页。

111 《海屯行纪　鄂多立克东游录　沙哈鲁遣使中国记》，何高济译，中华书局，2002，第 81 页。

112 《克拉维约东使记》，杨兆钧译，商务印书馆，2009，第 143—144 页。

113 陶宗仪:《南村辍耕录》卷八，第 102 页。

114 郑思肖:《心史 · 大义略叙》,《郑思肖集》，第 182 页。

115 〔意〕加宾尼:《蒙古史》,〔英〕道森编《出使蒙古记》，第 8 页。

116 《鲁不鲁乞东游记》,〔英〕道森编《出使蒙古记》，第 119—120 页。

117 赵珙:《蒙鞑备录笺证 · 妇女》,《王国维遗书》第 13 册，叶 17a、18a。

118 熊梦祥著，北京图书馆善本组辑《析津志辑佚》，第 206 页。

119 陶宗仪:《南村辍耕录》卷一一《贤孝》，第 140 页。

120 张月中、王钢主编《全元曲》，中州古籍出版社，1996，第 3151 页。

121 贾仲明:《铁拐李度金童玉女》(又名《金安寿》)，徐征、张月中、张圣洁、奚海主编《全元曲》第 8 卷，第 5662 页。

122 关汉卿:《望江亭中秋切鲙杂剧》，臧晋叔编《元曲选》，中华书局，1989，第 1664—1665 页。

123 关汉卿:《诈妮子调风月》，关汉卿著，蓝立蓂校注《汇校详注关汉卿集》，中华书局，2006，第 7 页。

124 关汉卿:《钱大尹智宠谢天香》，关汉卿著，蓝立蓂校注《汇校详注关汉卿集》，第 1189 页。

第二章　汉世胡风：明代服饰中的蒙古遗存

1 可参见李之檀编《中国服饰文化参考文献目录》，中国纺织出版社，2001，第 384—396 页；苏日娜《蒙元服饰研究综述》,《黑龙江民族丛刊》2007 年第 3 期。

2 就笔者所见，对这一问题有所触及的重要专著有：堪称我国古代服饰研究开山之作的沈从文《中国古代服饰研究》，上海书店出版社，2005，第 513、550、554 页；周锡保《中国古代服饰史》，第 355、362、365、376、381、382、391 页；陈茂同《中国历代衣冠服饰制》，新华出版社，1993，第 214 页；袁杰英编著《中国历代服饰史》，第 185 页；黄能馥、陈娟娟编著《中国服装史》，第 245、246、293、296、300 页；周汛、高春明编著《中国衣冠服饰大辞典》，上海辞书出版社，1996，第 80、204 页；高春明《中国服饰名物考》，上海文化出版社，2001，第 567 页；陈高华、徐吉军主编《中国服饰通史》，宁波出版社，2002，第 403、442 页；陈宝良《明代社会生活史》，中国社会科学出版社，2004，第 206、207、213、221、223、235 页。重要论文有：司律思（Henry Serruys）《明初蒙古习俗的遗存》，朱丽文译，《食货月刊》(台北）第

5 卷第 4 期，1975 年；巫仁恕《明代平民服饰的流行风尚与士大夫的反应》，《新史学》（台北）第 10 卷第 3 期，1999 年；党宝海 "The Plait-line Robe: A Costume of Ancient Mongolia," *Central Asiatic Journal,* 2003, No.2, pp. 198–216；杨玲《元代丝织品研究》，博士学位论文，南开大学，2005，第 144—147 页；杨玲《元代的辫线袄》，李治安主编《元史论丛》第 10 辑，第 213—224 页；赵丰《蒙元龙袍的类型及地位》，《文物》2006 年第 8 期；罗玮《元代蒙古服饰对汉族服饰之影响初探》，学士学位论文，首都师范大学，2007；李莉莎《质孙服考略》，《内蒙古大学学报》2008 年第 2 期；李治安《元代汉人受蒙古文化影响考述》，《历史研究》2009 年第 1 期；李治安《元和明前期南北差异的博弈与整合发展》，《历史研究》2011 年第 5 期。

3 王熹：《明代服饰研究》，中国书店，2013。

4 张佳：《"深檐胡帽"：一种女真帽式盛衰变异背后的族群与文化变迁》，《故宫博物院院刊》2019 年第 2 期。

5 周松：《上行而下不得效——论明朝对元朝服饰的矛盾态度》，《西北民族大学学报》（哲学社会科学版）2015 年第 3 期。

6 有关论述可参见张帆《论金元皇权与贵族政治》，《学人》第 14 辑，江苏文艺出版社，1998；赵世瑜《明清史与宋元史：史学史与社会史视角的反思——兼评〈中国历史上的宋元明变迁〉》，《北京师范大学学报》（社会科学版）2007 年第 5 期。

7 赵世瑜：《圣姑庙：金元明变迁中的"异教"命运与晋东南社会的多样性》，《清华大学学报》（哲学社会科学版）2009 年第 4 期，第 15 页。

8 宋濂：《芝园前集》卷一〇《北麓处士李府君墓碣》，《宋濂全集》，第 1529 页。

9 《方孝孺集》卷二二《俞先生墓表》，第 824—825 页。

10 《明太祖实录》卷三〇，洪武元年二月壬子，第 525 页。

11 李治安：《元代汉人受蒙古文化影响考述》，《历史研究》2009 年第 1 期。

12 就笔者所见，有朱睦㮮《圣典》卷九《易俗》，《四库全书存目丛书》史部第 52 册，影印明万历四十一年刻本，第 8—9 页；何孟春《余冬序录》卷一，明嘉靖七年郴州家塾刻本，第 2 页；佚名《秘阁元龟政要》卷四《壬子诏复唐制衣冠及禁用胡姓胡语》，明抄本，第 73 页；李默《孤树裒谈》卷一《太祖上之上》，明刻本，第 2 页；陆釴《贤识录》，明刻《今献汇言》本，第 1 页；郑晓《吾学编》卷九《皇明大政记》，《北京图书馆古籍珍本丛刊》第 12 册，第 58 页上；等等。

13 葛兆光:《“唐宋”抑或“宋明”——文化史和思想史研究视域变化的意义》，原载《历史研究》2004 年第 1 期，后收入氏著《古代中国的历史、思想与宗教》，北京师范大学出版社，2006，第 109—134 页；有关论述亦可见宫崎市定『洪武から永乐へ：初期明朝政权の性格』，原载『东洋史研究』第 27 卷第 4 号、1969 年，后收入『宫崎市定全集』第 13 册『明·清』岩波書店、1992、40−65 頁；钱穆《读明初开国诸臣诗文集》《读明初开国诸臣诗文集续篇》，氏著《中国学术思想史论丛》第 6 册，台北：东大图书公司，1978，第 77—117、180—191 页；张和平《明初讳元说析辨》，《明史研究》第 1 辑，黄山书社，1991，第 267 页。

14 《明太祖实录》卷七三，洪武五年三月戊辰，第 1352—1353 页；卷二〇九，洪武二十四年六月己未，第 3116 页;《明英宗实录》卷九九，正统七年十二月己丑，第 1986 页。

15 郑晓:《吾学编》卷九《皇明大政记》，《北京图书馆古籍珍本丛刊》第 12 册，第 58 页上；李贽:《续藏书》卷一六《经济名臣 · 尚书何文肃公》，第 7 册，第 1129 页。

16 王同轨:《耳谈类增》卷四一《元胡乱华之祸》，第 151 页。

17 希路易与李治安已有类似论述，见希路易《明初蒙古习俗的遗存》第二节“服饰与语言”，朱丽文译，《食货月刊》（台北）第 5 卷第 4 期，1975 年，第 39 页；李治安《元代汉人受蒙古文化影响考述》，《历史研究》2009 年第 1 期。

18 沈从文:《中国古代服饰研究》（增订本），第 444 页。

19 沈从文:《中国古代服饰研究》（增订本），第 418 页。

20 据笔者所见，这幅图曾作为 David Robinson, *Martial Spectacles of the Ming Court* (Harvard University Press, 2013) 一书的封面。

21 方汝浩:《禅真逸史》第 14 回《得天书符救李秀 正夫纲义激沈全》，思陶、贺伟、海卿校点，齐鲁书社，1998，第131页。

22 孔齐:《至正直记》卷一《上都避暑》，第1页。

23 周玄炜:《泾林续纪》卷三，《续修四库全书》第1124册，上海古籍出版社，影印明万历刻本，2002，第183页下；凌濛初:《初刻拍案惊奇》卷四〇《华阴道独逢异客 江陵郡三拆仙书》，张明高校注，中华书局，2014，第604—605页；蕙秋散人:《玉娇梨》第12回《没奈何当场出丑》，冯伟民校点，人民文学出版社，2006，第133页。

24 清啸生:《喜逢春》下卷“遣戍”出，中国社会科学院文学研究所古本戏曲丛刊编刊委员会编《古本戏曲丛刊二集》第9函第5册，上海古籍出版社，影印明末刊本，1953，第5页。

25 赵世瑜:《吏与中国传统社会》，浙江人民出版社，1994，第2页。

26 侯方域:《额吏胥》，贺长龄、魏源:《清经世文编》卷二四《吏政十·吏胥》，中华书局，影印清光绪十二年思补楼重校本，1992，第609页下。

27 顾炎武撰，黄汝成集释《日知录集释》，栾保群、吕宗力校点，上海古籍出版社，2006，第486页。

28 凌濛初:《二刻拍案惊奇》卷一四《赵县君乔送黄柑 吴宣教干偿白镪》，吴书荫校注，中华书局，2014，第256页。

29 冯梦龙:《醒世恒言》卷二一《张淑儿巧智脱杨生》，古本小说集成编委会编《古本小说集成》第4辑第11册，上海古籍出版社，影印明天启叶敬池刊本，1994，第1216、1220页。按，人民文学出版社整理版本没有“大帽”等语，可见或经过后人删改。这一明代天启年间刊本反而保留了明代服饰特色的描述。

30 冯梦龙:《醒世恒言》卷六《小水湾天狐诒书》，顾学颉校注，人民文学出版社，1956，第122页。

31 刘万春:《守官漫录》卷一《内编功名分定》，四库禁毁丛刊编纂委员会编《四库禁毁丛刊》集部第37册，北京出版社，影印北京大学图书馆藏明万历四十八年刘氏澹然居刻本，1997，第203页下。

32 陆凯:《赠范晔诗》，丁福保编《全汉三国晋南北朝诗·全宋诗》卷五，中华书局，1959，第732页。

33 尹直:《謇斋琐缀录》卷四，《四库全书存目丛书》子部第239册，齐鲁书社，影印北京图书馆藏明抄国朝典故本，1996，第 381 页上。

34　王圻、王思义:《三才图会·衣服一》，上海古籍出版社，影印明万历三十七年王思义校正本，1988，第 1506 页。

35　刘若愚:《酌中志》卷一九《内臣服佩纪略》，北京古籍出版社，1994，第 174 页。

36　王三聘:《事物考》卷六《冠服》,《四库全书存目丛书》子部第 222 册，影印天津图书馆藏明隆庆三年刻本，第 191 页下。

37　《明仁宗实录》卷一，永乐二十二年八月甲子，第 29 页。

38　尹直:《謇斋琐缀录》卷八，第 415 页上。

39　《明武宗实录》卷一五八，正德十三年春正月乙巳，第 3028—3029 页。另可参见《明史》卷二九《五行志二》，中华书局，1974，第 476 页；卷六七《舆服志三》，第 1638 页。

40　笔者所见，有：王世贞《弇山堂别集》卷二九《史乘考误十》，中华书局，1985，第 522 页；何乔远《名山藏》卷二一《武宗毅皇帝二》，张德信、商传、王熹点校，福建人民出版社，2010，第 575 页；张元忭《馆阁漫录》卷一〇，明不二斋刻本，第 7 页；徐象梅《两浙名贤录》卷二四《四川道监察御史虞惟贞守随》，明天启元年徐氏光碧堂刻本，第 8 页。

41　袁于令:《隋史遗文》第 36 回《隋主远征影国　郡丞下礼贤豪》，刘文忠校点，人民文学出版社，1999，第 288 页。

42　冯惟敏:《海浮山堂词稿》卷三《水仙子带折桂令·嘲友》，凌景埏、谢伯阳点校，上海古籍出版社，2018，第 198 页。

43　袁于令:《隋史遗文》第 16 回《罗元帅作书贻蔡守　秦叔宝赠金报柳氏》，第 130 页。

44　高出:《镜山庵集》卷四《骝马行》,《四库禁毁丛刊》集部第 30 册，影印北京大学图书馆藏明天启高若骈等刻本，第 643 页下。

45　凌濛初:《二刻拍案惊奇》,《古本小说丛刊》第 14 辑第 2 册，中华书局，影印明崇祯年间尚友堂刊本，1987，第 857—858 页。

46　康大和:《工部右侍郎赠本部尚书陆公杰墓志铭》，焦竑:《献征录》卷五一，上海书店出版社，影印明万历四十四年徐象橒曼山馆刻本，1986，第 2156 页上。

47 方汝浩:《禅真逸史》第13回《桂姐遗腹诞佳儿 长老借宿擒怪物》，第116页。

48 可参见沈从文《中国古代服饰研究》，第549页；周锡保《中国古代服饰史》，第406页；黄能馥、陈娟娟编著《中国服装史》，第296页。

49 陆深:《俨山外集》卷一九《豫章漫抄二》，台湾图书馆藏明嘉靖二十四年陆楫刻本，叶2b—3a。

50 陆深:《俨山外集》卷一九《豫章漫抄二》，叶2b。

51 赵振纪:《中国衣冠中之满服成分》,《人言周刊》第2卷第15期,1935年，第284页。

52 转自陈元龙《格致镜原》卷一四《冠服类二》“帽”条，文渊阁四库全书本，第1031册，第22页。

53 靳学颜:《靳两城先生集》卷二〇《杂著·场屋尔雅题辞》,《四库全书存目丛书》集部第102册，影印首都图书馆藏万历十七年刻本，第710页上。

54 余永麟:《北窗琐语》,《四库全书存目丛书》子部第240册，影印武汉大学图书馆藏清乾隆金氏砚云书屋刻砚云本，第411页上。

55 王圻、王思义:《三才图会·衣服一》，第1504页。

56 据笔者所见，有：张德光《山西榆次猫儿岭发现明代砖墓》,《考古通讯》1955年第5期；四川省文物管理委员会《成都白马寺第六号明墓清理简报》,《文物参考资料》1956年第10期；杨仁《四川岳池县明墓的清理》,《考古通讯》1958年第2期；江学礼《成都梁家巷发现明墓》,《考古》1959年第8期；代尊德、冯应梦《太原风峪口明墓清理》,《考古》1965年第9期；上海市文物管理委员会《上海市卢湾区明潘氏墓发掘简报》,《考古》1961年第8期；贵州省博物馆《遵义高坪“播州土司”杨文等四座墓葬发掘记》,《文物》1974年第1期；中国社会科学院考古研究所、四川省博物馆《成都凤凰山明墓》,《考古》1978年第5期；洛阳市文物工作队《洛阳东郊明墓》,《中原文物》1985年第4期；叶作富《四川铜梁明张文锦夫妇合葬墓清理简报》,《文物》1986年第9期；杨益清《大理三月街明韩政夫妇墓》,《云南文物》1986年第19期；张才俊《四川平武明王玺家族墓》,《文物》1989年第7期；周礼《荆门明代铜俑初探》,《江汉考古》1990 年第 4 期;杨益清、杨长城《云南大理市苍山玉局峰发现一座明代石室墓》,《考古》1991 年第 6 期;烟台地区文管会《山东招远明墓出土遗物》,《文物》1992 年第 5 期;刘恩元《遵义团溪明播州土司杨辉墓》,《文物》1995 年第 7 期;刘致远《成都三座坟明墓第一次清理报告》,《成都文物》1988 年第 2 期;薛登《成都蜀王陵(下)——昭王陵的发掘及蜀府陵墓寝园规制考释》,《成都文物》1999 年第 4 期;海南省文物考古研究所、海口市博物馆《海南海口金牛岭明清墓地发掘简报》,《南方文物》2001 年第 3 期;成都文物考古研究所《成都蜀僖王陵发掘简报》,《文物》2002 年第 4 期。

57 谈迁:《枣林杂俎》和集《丛赘》"丁宾"条,中华书局,2006,第 572 页。据笔者所见,此事最初记载于钱士升《赐余堂集》卷九《赠光禄大夫太子太保南京工部尚书丁清惠公墓志铭》,清乾隆四年钱佳刻本,第 8 页。

58 兰陵笑笑生:《金瓶梅词话》第 72 回《王三官拜西门为义父　应伯爵替李铭释冤》,陶慕宁校注,人民文学出版社,2000,第 941 页;第 35 回《西门庆挟恨责平安　书童儿妆旦劝狎客》,第 412 页。

59 范濂:《云间据目抄》卷二,江苏广陵古籍刻印社,1995,第 58 页。

60 冯梦龙:《警世通言》卷二四《玉堂春落难逢夫》,严敦易校注,人民文学出版社,1995,第 362 页。

61 兰陵笑笑生:《金瓶梅词话》第 98 回《陈敬济临清开大店　韩爱姐翠馆遇情郎》,第 1334 页。

62 李渔:《连城璧》丑集《老星家戏改八字　穷皂隶陡发万金》,孟裴标校,上海古籍出版社,1992,第 23 页。

63 参见周汛、高春明编著《中国衣冠服饰大辞典》,第 80 页。

64 范濂:《云间据目抄》卷二,第 58 页。

65 凌濛初:《二刻拍案惊奇》卷三九《神偷寄兴一枝梅　侠盗惯行三昧戏》,第 641 页。

66 兰陵笑笑生:《金瓶梅词话》第 53 回《吴月娘承欢求子息　李瓶儿酬愿保儿童》,第 650 页。

67 王同轨:《耳谈类增》卷四一《元胡乱华之祸》,第 351 页。

68 申时行、赵用贤等:《大明会典》,《续修四库全书》第 790 册,影印明万历十五年内府刻本，第 249 页下；另可见《明太祖实录》卷三九，洪武二年二月丁丑，第 790 页;《明史》卷六七《舆服志三》，第 1648 页。

69 郝经:《怀来醉歌》，郝经撰，张进德、田同旭编年校笺《郝经集编年校笺》卷一〇《歌诗》，人民文学出版社，2018，第 214 页。

70 刘若愚:《酌中志》卷一九《内臣服佩纪略》，第 166 页。

71 尹直:《謇斋琐缀录》卷八，第 415 页上。

72 尹直:《謇斋琐缀录》卷一“翰林故事”条，第 362 页上。

73 刘若愚:《酌中志》卷一六《内府衙门职掌》，第 94—95 页；卷一九《内臣服佩纪略》，第 166 页。

74 《明史》卷六七《舆服志三》，第 1647 页。

75 尹直:《謇斋琐缀录》卷二，第 366 页下。

76 何良俊:《四友斋丛说》卷六《史二》，中华书局，1997，第 7 页。

77 吴越草莽臣:《魏忠贤小说斥奸书》第 28 回《代修怨力倾国戚　亲行边威震蓟辽》，古本小说集成编委会编《古本小说集成》第 1 辑第 23 册，影印明崇祯元年峥霄馆刊本，第 308 页。

78 笔者所见有：赵世纲《杞县高高山明墓清理简报》，《文物》1957 年第 8 期；广州市文物管理委员会《戴缙夫妇墓清理报告》，《考古学报》1957 年第 3 期；胡义慈《玉山县发现明墓一座》，《南方文物》1962 年第 4 期；北京市文物工作队《北京南苑苇子坑明代墓葬清理简报》，《文物》1964 年第 11 期；秦光杰、薛尧、李家和《江西广丰发掘明郑云梅墓》，《考古》1965 年第 6 期；江西省历史博物馆、南城县文物陈列室《南城明益宣王夫妇合葬墓》，《南方文物》1980 年第 3 期；南京市文物保管委员会、南京市博物馆《明徐达五世孙徐俌夫妇墓》，《文物》1982 年第 2 期；江西省文物工作队《江西南城明益宣王朱翊钊夫妇合葬墓》，《文物》1982 年第 8 期；全洪《明湛若水墓及其随葬器物》，《岭南文史》1992 年第 2 期；泰州市博物馆《江苏泰州西郊明胡玉墓出土文物》，《文物》1992 年第 8 期；苏州市博物馆《苏州虎丘明墓清理简报》，《东南文化》1997 年第 1 期；荆州地区博物馆、石首市博物馆《湖北石首市杨溥墓》，《江汉考古》1997 年第 3 期；南京市博物馆、苏州丝绸博物馆《明代缎地麒麟曳撒与梅花纹长袍的修复与研究》，《四川文物》2005 年第 5 期；

江阴市博物馆《江苏江阴明代薛氏家族墓》，《文物》2008 年第 1 期。

79 王世贞:《觚不觚录》，明万历刻宝颜堂续秘笈五十种本，第 8 页。

80 尹直:《謇斋琐缀录》卷八，第 415 页上。

81 查继佐:《罪惟录》志卷四《冠服志》，浙江古籍出版社，2014，第 505 页。

82 顾起元:《客座赘语》卷七《南都诸医》，中华书局，1987，第 227 页。

83 方以智:《通雅》卷三六《衣服》，中国书店，影印清康熙姚文燮浮山此藏轩刻本，1990，第 437 页上。

84 笔者所见有：北京市文物工作队《北京南苑苇子坑明代墓葬清理简报》，《文物》1964 年第 11 期；山东省博物馆《发掘明朱檀墓纪实》，《文物》1972 年第 5 期；南京市文物保管委员会、南京市博物馆《明徐达五世孙徐俌夫妇墓》，《文物》1982 年第 2 期；泰州市博物馆《江苏泰州市明代徐蕃夫妇墓清理简报》，《文物》1986 年第 9 期；江苏省淮安县博物馆《淮安县明代王镇夫妇合葬墓清理简报》，《文物》1987 年第 3 期；泰州市博物馆《江苏泰州西郊明胡玉墓出土文物》，《文物》1992 年第 8 期；上海博物馆考古研究部、上海市松江博物馆《上海市松江区明墓发掘简报》，《文物》2003 年第 2 期；等等。

85 丁元荐:《西山日记》卷上《才略》，《续修四库全书》第 1172 册，影印清康熙二十八年先醒斋刊本，第 301 页下。

86 李绍文:《云间杂识》卷七，国家图书馆藏清抄本，叶 20a，善本书号：11050，网址：http://read.nlc.cn/OutOpenBook/OpenObjectBook?aid=892&bid=50306.0。

87 申时行、赵用贤等:《大明会典》卷六一《冠服二》“士庶巾服”条，《续修四库全书》第 790 册，第 250 页上；另可参见《明太祖实录》卷八一，洪武六年夏四月癸巳，第 1463 页;《明史》卷六七《舆服志三》，第 1648 页。

88 申时行、赵用贤等:《大明会典》卷一四二《侍卫》，《续修四库全书》第 790 册，第 458 页上。

89 《明宣宗实录》卷五，宣德元年正旦，第 133 页；另可参见《明史》卷六四《仪卫志》，第 1592 页。

90 孙承泽:《春明梦余录》卷六三《锦衣卫》，王剑英点校，北京古籍出版社，1992，第1226—1227页。

91 陆容：《菽园杂记》卷八，中华书局，1997，第100页。

92 方以智：《通雅》卷三六《衣服》，第400页上。

93 沈德符：《万历野获编》卷一四《礼部》“比甲只孙”条，第366页。

94 蒋一葵：《长安客话》卷一《皇都杂记·只逊》，北京古籍出版社，1982，第11页。

95 《元史》卷一一四《世祖后察必传》，第2872页。

96 陈绛：《金罍子》下篇卷三，《四库全书存目丛书》子部第85册，影印湖北省图书馆藏明万历三十四年陈昱刻本，第281页上。

97 陈士元：《诸史夷语解义》卷下《元史·列传》，清光绪三年应城王承禧刻本，叶39b。

98 沈德符：《万历野获编》卷一四《礼部》“比甲只孙”条，第366页。

99 吴承恩：《西游记》第23回《三藏不忘本　四圣试禅心》，人民文学出版社，2005，第276页；第64回《荆棘岭悟能努力　木仙庵三藏谈诗》，第779页；第82回《姹女求阳　元神护道》，第990页。

100 兰陵笑笑生：《金瓶梅词话》第15回《佳人笑赏玩月楼　狎客帮嫖丽春院》，第164页。

第三章　遗俗流变：蒙古服饰的深层影响

1 严嵩：《赐烟墩帽并金厢宝石帽顶一座》，《钤山堂集》卷一三《诗》，《中华再造善本》，国家图书馆出版社，影印明嘉靖二十四年自刻本，2010，叶10a。

2 沈德符：《万历野获编》卷二六《玩具》“云南雕漆条”，第662页。

3 萧大亨：《北虏风俗·帽衣》，广文书局，1972，第15页。

4 参见张佳《重整冠裳：洪武时期的服饰改革》，《中国文化研究所学报》第58期，2014年。

5 刘夏：《刘尚宾文续集》卷四，《续修四库全书》第1326册，影印南京图书馆藏明永乐刘拙刻成化刘衢增修本，第155页下。

6 莫旦：《大明一统赋》卷下，《四库禁毁丛刊》史部第21册，影印北京大学图书馆藏明嘉靖十五年郑普刻本，第 69 页。

7 谈迁:《国榷》卷一〇，张宗祥点校，中华书局，1958，第 784 页；卷一二，第 851 页。

8 沈德符:《万历野获编》卷二六《玩具》，第 662、664 页。

9 胡缵宗:《愿学编》卷下，《四库全书存目丛书》子部第 7 册，影印北京图书馆分馆藏明嘉靖间鸟鼠山房刻清修补本，第 420 页下。

10 徐象梅:《四川道监察御史虞惟贞守随》，《两浙名贤录》卷二四《谠直》，《四库全书存目丛书》史部第 117 册，影印北京大学图书馆藏明天启徐氏光碧堂刻本，第 715 页下。

11 杨一清:《悯人穷恤人言以昭圣德疏》，孙旬:《皇明疏钞》卷二五《弼违二》，《续修四库全书》第 463 册，影印明万历十二年自刻本，第 731 页下。

结　语

1 希路易:《明初蒙古习俗的遗存》，朱丽文译，《食货月刊》（台北）第 5 卷第 4 期，1975 年，第 35 页。

2 《明英宗实录》卷五〇，正统四年春正月癸卯，第 969 页；卷七五，正统六年春正月甲子，第 1473 页。另可参见王世贞《弇山堂别集》卷一四《皇明异典述九 · 北虏之赏》，第 259 页；卷七七《赏赉考下 · 北虏之赏》，第 1482 页。沈德符:《万历野获编》卷三〇《瓦剌厚赏》，第 776 页。

3 莫旦:《大明一统赋》卷下“通用巾服”条，第 55 页上。

4 ［英］彼得 · 伯克:《图像证史》，杨豫译，北京大学出版社，2008，第 2 页。

5 《明武宗实录》卷一七〇，正德十四年春正月乙卯，第 3285 页。

6 ［法］费尔南 · 布罗代尔:《15 至 18 世纪的物质文明、经济和资本主义》第 1 卷，顾良、施康强译，生活 · 读书 · 新知三联书店，1992，第 381 页。

附录

元明衣冠服饰史料汇编

凡　例

附录仅选取具有代表性的史料，模糊不清的史料虽然众多，暂不录入。

限于史料浩繁，选录暂不重点考虑版本源流承袭关系及一手、二手史料的原始性问题，见者即录之。但尽量录入最早出现的史料。

记载重复及记载类似者不重复录入。

史料选辑重在历史材料。明代大量叙述性、故事性的小说戏曲和诗词等文学性材料，除具有代表性的以外，其他暂不录入。虽然一些文学作品中的故事记载为前代事，但仍可认为反映的是作者所处的元明时代的服饰情况，也反映了蒙古服饰的在元明时代的广泛行用与流变衍化。

一些蒙古特色明显但似乎对元明服饰影响较小的服饰，如罟罟冠等，其有关史料暂不录入。

各条史料的出处版本详见参考文献部分，这里不再赘述。

一　元代服饰中的蒙古因素影响史料选辑

总　论

十三日，舟行，晚宿邳州城外。邳州牧离城远接，置酒作乐，会众官于草庐下。夜舟泊圯桥之下，即子房椎击始皇博浪沙，中副车，遂逃于此。子房进黄石公履，即此桥也。自此，人皆戴笠，衣冠别矣。

——（元）刘一清:《钱塘遗事》卷九《丙子北狩》

大德元年三月十一日，不花帖木儿奏:“街市卖的段子，似上位穿的御用大龙则少一个爪儿，四个爪儿的〔织〕着卖有。”奏呵，暗都剌右丞、道〔兴〕尚书两个钦奉圣旨:“胸背龙儿的段子织呵，不碍事，教织着〔者〕。似咱每穿的段子织缠身上〔大〕龙的，完泽根底说了，各处遍行文书禁约，休织者。”钦此。

——《元典章》卷五八《禁织大龙段子》

质孙，汉言一色服也，内庭大宴则服之。冬夏之服不同，然无定制。凡勋戚大臣近侍，赐则服之。下至于乐工卫士，皆有其服。精粗之制，上下之别，虽不同，总谓之质孙云。

天子质孙，冬之服凡十有一等，服纳石失（金锦也）、怯绵里（翦茸也），则冠金锦暖帽。服大红、桃红、紫蓝、绿宝里，宝里，服之有襕者也。则冠七宝重顶冠。服红黄粉皮，则冠红金答子暖帽。服白粉皮，则冠白金答子暖帽。服银鼠，则冠银鼠暖帽，其上并加银鼠比肩（俗称曰襻子答忽）。夏之服凡十有五等，服答纳都纳石失（缀大珠于金锦），则冠宝顶金凤钹笠。服速不都纳石失（缀小珠于金锦），则冠珠子卷云冠。服纳石失，则帽亦如之。服大红珠宝里红毛子答纳，则冠珠缘边钹笠。服白毛子金丝宝里，则冠白藤宝贝帽。服驼褐毛子，则帽亦如之。服大红、绿、蓝、银褐、枣褐、金绣龙五色罗，则冠金凤顶笠，各随其服之色。服金龙青罗，则冠金凤顶漆纱冠。服珠子褐七宝珠龙答子，则冠黄牙忽宝贝珠子带后檐帽。服青速夫金丝阑子（速夫，回回毛布之精者也），则冠七宝漆纱带后檐帽。

百官质孙，冬之服凡九等，大红纳石失一，大红怯绵里一，大红官素一，桃红、蓝、绿官素各一，紫、黄、鸦青各一。夏之服凡十有四等，素纳石失一，聚线宝里纳石失一，枣褐浑金间丝蛤珠一，大红官素带宝里一，大红明珠答子一，桃红、蓝、绿、银褐各一，高丽鸦青云袖罗一，驼褐、茜红、白毛子各一，鸦青官素带宝里一。

——（明）宋濂:《元史》卷七八《舆服志一》

纱帽、圆领，唐服也；仕者用之。巾笠、襕衫，宋服也；巾环、襈领，金服也；帽子、系腰，元服也；方巾、圆领，明服也；庶民用之。

（元时）官民皆带帽，其檐或圆，或前圆后方，或楼子，盖兜鍪之遗制也。其发或辫，或打纱练椎。庶民则椎髻，衣服贵者用浑金线为纳失失，或腰线绣通神襕。然上下均可服，等威不甚辨也。

北人华靡之服，帽则金其顶，袄则线其腰，靴则鹅其顶。

——（明）叶子奇:《草木子》卷三《杂制篇》

分 论

一、钹笠帽

其冠，被发而椎髻，冬帽而夏笠，妇人顶故姑。

——（宋）彭大雅、徐霆:《黑鞑事略》

一、庶人：除不得服赭黄，惟许服暗花纻丝丝䌷绫罗毛毳。帽笠不许饰用金玉。靴不得裁置花样。首饰许用翠毛并金钗钅兆各一事，惟耳环用金珠碧甸，余并用银。酒器许用银壶瓶、台盏、盂旋，余并禁止。帐幕用纱绢，不得赭黄。车舆，黑油齐头，平顶皂幔。

——《元典章》卷二九《礼制二·贵贱服色等第》

至元五年十月，平阳路承奉中书右三部符文该:

准中书省札付“娼妓之家，多与官员士庶同着衣服，不分贵贱。今拟娼妓各分等第，穿着紫皂衫子，戴着〔角〕冠儿。娼妓之家家长并亲属，男子裹青头巾，妇女滞〔紫〕抹子，俱要各各常川裹戴，仍不得戴笠子并穿着带金衣服，及不得骑坐马匹。违者，许诸色人捉拿到官，将马匹给付拿住的人为主。仰行下各路总管府，出榜严切省谕。如有违犯之人，就便究治”事。仰照验，速为遍榜，依上禁治施行。

——《元典章》卷二九《礼制二·娼妓服色》

一件:“杭州城宽地阔，人烟稠集，风俗侥薄，民心巧诈。有一等不畏公法、游手好闲破落恶少，结籍经断警迹并释放贼徒，与公吏人等以为朋党，更变服色，游玩街市，乘便生事，抢掠客人笠帽，强夺妇人首饰。”

——《元典章》卷五七《诸禁·札忽儿歹陈言二件》

又皇庆元年十月二十四日奉中书省札付:“来呈，奉省判，湖广省咨，潭州路录事司申。蔡国祥告唐周卿、贾国贤将国祥棕帽抢去，上有红玛瑙珠子一串、白毡帽一个，取招断罪。如蒙比同切盗一体刺字相应。本部议得：唐周卿所招，纠合贾国贤同谋强行夺抢蔡国祥棕帽罪犯，即与席驴儿一体。既已断讫，拟合比依切盗刺字相应。都省仰照验施行。”

——《元典章》新集《刑部·骗夺·革闲弓手祗候夺骗钱物》

赵文敏孟頫，胡石塘长孺，至元中有以名闻于上（世祖），被召入见。问文敏:“会甚么?”奏曰:“做得文章，晓得琴棋书画。”次问石塘，奏曰:“臣晓得那正心修身齐家治国平天下本事。”时胡所戴笠相偏攲，上曰:“头上一个笠儿尚不端正，何以治国平天下?”竟不录用。

——（元）长谷真逸:《农田余话》卷下

那官人系着条玉兔鹘连珠儿石碾，戴着顶白毡笠，前檐儿慢卷。

——（元）关汉卿:《刘夫人庆赏五侯宴》第三折《倘秀才》

英宗践祚之明日，御大明殿，大臣贵戚皆列侍，诏王（柏铁木尔）而谕之曰:“先帝尝嘱卿于朕曰:‘柏铁木尔自幼事我，终始于一，捐躯尽瘁，无有能先之者。我非斯人，则食不甘味，寝不安席。汝其毋忘吾志。’言犹在耳，朕不忍道兹，用扬于大廷，俾众知之。”遂以所服珍珠七宝顶帽及御衣赐之，曰：“先帝以卿付朕，卿不负先帝，肯负朕耶？凡朝政之得失，其直言毋隐。”

——《黄溍集》卷一九《太傅文安忠宪王家传》

成宗宾天，公（答失蛮）北迓武宗皇帝于野马川，归正宸极。仁宗在储闱，以公先朝旧人，奏为中书参知政事，仍兼司农卿，赐以金带、犀带、七宝笠、珠帽、珠衣、金五十两、田二千亩。

——《黄溍集》卷二九
《宣徽使太保定国忠亮公神道第二碑》

宋之朝士，有以使事留京师而不肯易其衣冠者，坐徙开元。（别里哥帖穆尔）适与之遇，为言于上（世祖），得自便。后更见识，擢为文学侍从之臣。还朝，上劳之曰：“硕德不血一刃，而使一方遂安，不负朕所委任矣。”赐玉顶笠、连珠束带，且曰：“他日思所以处卿也。”

——《黄溍集》卷三〇《朝列大夫佥通政院事赠荣禄大夫河南江北等处行中书省平章政事柱国追封鲁国公札剌尔公神道碑》

国朝每岁四月，驾幸上都避暑为故事，至重九，还大都。盖刘太保当时建此说，以上都马粪多，一也；以威镇朔漠，二也；以车驾知勤劳，三也。还大都之日，必冠世祖皇帝当时所戴旧毡笠，比今样颇大。盖取祖宗故物，一以示不忘，一以示人民知感也。

——（元）孔齐：《至正直记》卷一《上都避暑》

今之学士帽遗制类僧家师德帽，不知唐人之制如此否。愚意自立一样，比今之国帽差增大，顶用稍平，檐用直而渐垂一二分。里用竹丝，外用皂罗或纱，不必如旧制。顶用小方笠样，用紫罗带作项攀，不必用笠珠顶，却须用玉石之类。夏月林下则以染黑草为之，或松江细竹丝亦好。归乡晚年当如此也。更置野服亦称之（略见《鹤林玉露》），便如今日鹤氅样，布为之。

——（元）孔齐:《至正直记》卷三《学士帽》

凡上所赐予绮服、宝带、珠帽，前后以十数。至是，而有赐碑之命，荣矣哉。

——（元）刘敏中:《中庵集》卷四《敕赐将作院使哈飒不华昭先碑铭》

今之风俗，可谓奢且僭矣。市道之间，有一笠直百五十贯者，有一靴直二百余贯者，逾常过费，闻之骇人。夫靴以为足，笠以庇首，仅得完洁成礼足矣，亦何取百五十贯及二百余贯之贵哉？岂非奢乎？又如销金、镀金之禁，婚姻嫁娶之制，虽尝施行，未见禁止，富者恣欲而无穷，贫者破产而不足，如此等类，盖非一端。古者车服器用，皆有等差；婚姻丧葬，各有品节。宜令有司参酌古今，定立各项制度，闻奏颁行。如靴、笠、销金、镀金等事，一皆禁断。

——（元）刘敏中:《中庵集》卷一五《九事》

公（董文用）自先帝时，每侍燕与蒙古大臣同列。裕宗尝就榻上赐酒，使毋下拜跪饮，皆异数也。上在东宫时，正旦受贺，于众中见公，召使前曰:“吾乡见至尊，甚怜汝。”辄亲取酒饮之。至是，眷赉至渥。赐钞三百定，至于金衣、玉带、紫笠、宝环之赐，皆追成先帝之意也。

——《元文类》卷四九《翰林学士承旨董公行状》

至大元年，以岁歉禁民间酒，特敕光禄寺，日有赐尊。上赐公七宝金冠、织金文之衣，为朝真之服。

——（元）虞集:《道园学古录》卷一七《宣徽院使贾公神道碑》

（大德）七年秋，（土土哈）入朝，上（元成宗）亲谕之曰:“自卿在边，累建大功，事绩昭著，周饰卿身以兼金，犹不足以尽朕意。”遂赐御衣一、帽一、玉顶笠一、盘珠金衣一、履双、珠三囊、黄金百两、白金五百两、钞十万贯、鹘一。……（大德十年）武皇纳其说，即日南迈，以裕宗皇帝旧服玉花衣赐之，副以玉带一、宝珠一、海东白鹘一、常御幄殿一，服用之具咸备。行至和林，又赐钞五万贯，衣段百。五月，达上都。武宗皇帝即位，赐王尚服，七宝笠一、大宝衣一、盘珠衣一、黄金五百两、白金五千两、钞二十五万贯、先帝所御大武帐一、豹一。加赐公主珍宝尤厚。秋，拜平章政事，仍兼枢密、钦察左卫、太仆，还边。冬，加封荣国公，授银印，出制辞以命之。复有尚服、衣段、虎豹之赐。中宫加赉于公主者，亦俱至焉。至大元年，遣使赐金衣三十、对衣千。二年，入朝，封句容郡王，赐金印、玉手印一、七宝笠一、珠帽一、七宝带一、玉带一、七宝束带一、黄金二百五十两、白金一千五百两、钞一万贯、鹘四、豹二。上曰:“世祖征大理时所御武帐及所服珠宝之衣，今以赐卿，其勿辞。”

——（元）虞集:《道园学古录》卷二三《句容郡王世绩碑》

圆帽方袍入帝都，秋风惘惘意何如？雪飞北口芦花絮，雁落南空贝叶书。闻见迥忘双舴艋，行藏无住一籧篨。南泉安众千五百，从此跏趺灭太虚。

——（元）袁桷:《清容居士集》卷一二《律诗七言·送石上人还江西》

圆帽方袍上上京，看山碧眼雪分明。南来白雁先秋去，我辈无情合有情。

——（元）袁桷:《清容居士集》卷一六《开平第四集·上上人游开平，回四明》

圆帽顶红毳，方袍搭绛纱。海龙邀早饭，山鹿进秋花。试墨探倭纸，寻泉斗建茶。时抛红豆粒，竹下唤频伽。

——（元）张宪:《玉笥集》卷八《近体·寄天香师》

今差提举孙敬持书并白银十两、棕帽一顶，聊表远意，公文至可详也。不一。

——（元）李士瞻:《经济文集》卷二《与泉州马总管书》

回回石头，种类不一，其价亦不一。大德间，本土巨贾中卖红剌一块于官，重一两三钱，估直中统钞一十四万锭，用嵌帽顶上。自后累朝皇帝相承宝重。凡正旦及天寿节大朝贺时，则服用之，呼曰剌，亦方言也。今问得其种类之名，具记于后。红石头（四种，同出一坑，俱无白水）：剌（淡红色，娇）、避者达（深红色，石薄方，娇）、昔剌泥（黑红色）、苦木兰（红带黑黄不正之色，块虽大，石至低者）；绿石头（三种，同出一坑）：助把避

（上等暗深绿色）、助木剌（中等明绿色）、撒卜泥（下等带石，浅绿色）；鸦鹘：红亚姑（上有白水）、马思艮底（带石，无光，二种同坑）、青亚姑（上等深青色）、你蓝（中等浅青色）、屋扑你蓝（下等如冰样，带石，浑青色）、黄亚姑、白亚姑；猫睛：猫睛（中含活光一缕）、走水石（新坑出者，似猫睛而无光）；甸子：你舍卜的（即回回甸子，文理细）、乞里马泥（即河西甸子，文理粗）、荆州石（即襄阳甸子，色变）。

——（元）陶宗仪:《南村辍耕录》卷七《回回石头》

头上戴的帽子，好水獭毛毡儿、貂鼠皮檐儿、琥珀珠儿西番莲金顶子。这般一个帽子，结裹二十锭钞。又有单桃牛尾笠子、玉珠儿羊脂玉顶子。这般笠子，通结裹三十锭钞有。又有裁帛暗花纻丝帽儿、云南毡海青帽儿、青毡钵笠儿，又有貂鼠檐儿皮帽，上头都有金顶子，又有红玛瑙珠儿。

——（高丽）《原本〈老乞大〉》

近见文敏（赵孟頫）自写镜容，头戴笠帽，项下垂缨，身着半臂，此是元人装束。

——（明）姚士麟:《见只编》卷上

圆帽，是即今毡帽之类。始于元世祖出猎，恶日射其目，乃以树叶置于胡帽之前。其后雍古剌氏乃以毡一片置于前，因不圆复置于后，故今有帽大檐是也。

——（明）王三聘:《事物考》卷六《冠服》

（元廷）大宴而服质孙，冬则纳石宝里，夏则钹笠都纳。剪柳代射，跪足代拜，行之百年，文物尽矣。

——（明）郭正域:《合并黄离草》卷一八《典礼志序》

天禄琳琅所藏宋版汉书，即历赵文敏、王弇州所藏本也。前有文敏小像一叶，首戴黑圆帽，四周有边，如今伶人所呼“大帽”。

——（清）沈初:《西清笔记》卷二《纪名迹》

元代服制，史册失纪。考元自中叶以后，凡朝祭之服参用唐宋制度，而旧俗要未尝废。图中钹笠、罟姑犹存本色。

——（清）胡敬:《南薰殿图像考序》

元代帝像一册。绢本八对幅，尺寸失记。右幅设色画半身像，左空幅。各像签题，一太祖、二太宗、三世祖、四成宗、五武宗、六仁宗、七文宗、八宁宗，前数像皮冠毽衫，后数像顶钹笠服袍。钹笠缀以珠宝，光彩章灼，若古之会弁然。

——（清）胡敬:《南薰殿图像考》卷下

二、卷檐帽

富家阿儿美且都，红丝绦县金虎符。争夸杀贼取银碗，髑髅掷还纳大夫。

富家阿儿如阿童，操舟出海捉飙风。七星对襟卷檐帽，贼中传是水中龙。

——（元）顾瑛:《玉山璞稿·水军谣》

鬼赤（即贵赤）遥催驼鼓鸣，短檐毡帽傍车行。上京咫尺山川好，纳钵南来十八程。

——（明）朱有燉:《元宫词一百首》

三、辫线袄、腰线袄

其服，右衽而方领，旧以毡毳革，新以纻丝金线，色以红紫绀绿，纹以日月龙凤，无贵贱等差。

霆尝考之，正如古深衣之制。本只是下领，一如我朝道服领，所以谓之方领。若四方上领，则亦是汉人为之。鞑主及中书向上等人不曾着。腰间密密打作细折，不计其数。若深衣，止十二幅，鞑人折多尔。又用红紫帛撚成线，横在腰上，谓之“腰线”。盖欲马上腰围紧束突出，采艳好看。

——（宋）彭大雅、徐霆:《黑鞑事略》

往常我便打扮的别，梳妆的善，干皂靴鹿皮绵团也似软。那一领家夹袄子是蓝腰线。

——（元）李直夫:《便宜行事虎头牌杂剧》，
（明）臧晋叔辑《元曲选》

胡姬蟠头脸如玉，一撒青金腰线绿。

——（元）郝经:《陵川集》卷一〇《歌诗·怀来醉歌》

辫线袄，制如窄袖衫，腰作辫线细折。

乐工袄，制以绯锦，明珠琵琶窄袖，辫线细折。

——（明）宋濂:《元史》卷七八《舆服志一》

羽林宿卫：舍人二人，四品服，前行。次羽林将军二人，交角幞头，绯罗绣抹额，紫罗绣瑞鹰裲裆，红锦衬袍，锦螣蛇，金带，乌靴，横刀，佩弓矢，皆骑，分左右。领宿卫骑士二十人，执骨朵六人，次执短戟六人，次执斧八人，皆弓角金凤翅幞头，紫袖细折辫线袄，束带，乌靴，横刀。舍人、羽林将军从者凡四人，服同前队。

供奉宿卫步士队：供奉中郎将二，交角幞头，绯絁绣抹额，紫罗绣瑞马裲裆，红锦衬袍，锦螣蛇，金带，乌靴，横刀，佩弓矢，骑，分左右。帅步士凡五十有二人，执短戟十有二人，次执列丝十有二人，次叉戟十有二人，次斧十有六人，分左右，夹玉辂行。皆弓角金凤翅幞头，紫细折辫线袄，涂金束带，乌靴。

——（明）宋濂:《元史》卷七九《舆服志二》

佩宝刀十人，国语曰“温都赤”。分左右行，冠凤翅唐巾，服紫罗辫线袄，金束带，乌靴。

——（明）宋濂:《元史》卷八〇《舆服志三》

四、质孙

先是夫人秃忽鲁蒙赐侍宴之服，曰只孙，昭异数也。命妇获受此服，由公家始。

——（元）阎复:《太师广平贞宪王碑》，《元文类》卷二三上皆嘉纳。御极之初，特旨拜昭文馆大学士、中奉大夫、知太史院，领司天台事。赐只孙衣冠、金带；只孙者，路朝宴服也。

——（元）赵孟頫:《松雪斋集》卷九《靳公墓志铭》

故事：侍宴别为衣冠，制饰如一，国语谓之只孙。公受赐，因得数宴。

赐只孙衣二十袭，上金五十两，使自为带。

——（元）虞集:《道园学古录》卷一八
《中书平章政事蔡国张公墓志铭》

三月，赐以只孙宴服。只孙者，贵臣见飨于天子则服之，今所赐绛衣也，贯大珠以饰其肩背膺间，首服亦必如之。

——（元）虞集:《道园类稿》卷三八《曹南王勋德碑》

又赐只孙之服。只孙者，上下通服，以享燕者也。

——（元）虞集:《道园类稿》卷四三《天水郡侯秦公神道碑》

有只孙对衣、辑翠羽帽、文犀横带之赐，出巡又有弓矢、鞍靴之赐焉。

——（元）虞集:《道园类稿》卷四三《湖南宪副赵公神道碑》

前后被赐珠帽、珠衣、只孙、金玉、马脑、车渠、七宝诸束带及他衣币服用之物以十数，钞无虑数十万贯，上樽、珍膳、鞍马之属不与焉。

前后被赐珠帽、珠衣各一，只孙四，白金百两，钞二万五千贯，他衣币诸物称是。

——（元）黄溍:《金华黄先生文集》卷二四《宣徽使太保定国忠亮公神道第二碑》

特赐只孙衣以旌之，疾竟不起。

——（元）黄溍:《金华黄先生文集》卷二五《札剌尔公神道碑》

不一月，拜中书参知政事，赐只孙金段表里四、貂鼠衣一。

——（元）黄溍:《金华黄先生文集》卷二六《集贤大学士荣禄大夫史公神道碑》

只孙官样青红锦，裹肚圆文宝相珠。羽仗执金班控鹤，千人鱼贯振嵩呼。

——（元）张昱:《辇下曲》

万里名王尽入朝，法宫置酒奏箫韶。千官一色真珠袄，宝带攒装稳称腰。

凡诸侯王及外番来朝，必锡宴以见之。国语谓之质孙宴。质孙，汉言一色。言其衣服皆一色也。

——（元）柯九思:《丹邱生集》卷三《宫词十五首》

国家之制：乘舆北幸上京，岁以六月吉日，命宿卫大臣及近侍服所赐济逊，珠翠金宝，衣冠腰带，盛饰名马，清晨自城外各持彩仗，列队驰入禁中。于是，上盛服御殿临观，乃大张宴为乐，唯宗王戚里、宿卫大臣前列行酒，余各以所职叙坐合饮。诸坊奏大乐、陈百戏，如是者凡三日而罢。其佩服日一易，大官用羊二千噭、马三匹，它费称是，名之曰“济逊宴”。济逊，华言一色衣也，俗呼曰“诈马筵”。

——（元）周伯琦:《近光集》卷一《诈马行》

与燕之服，衣冠同制。谓之质孙，必上赐而后服焉。

——《元文类》卷四一《经世大典序录 · 礼典》

至元二十二年三月，江西行省准中书省咨:

准伯颜蒙古文字译该:“‘咱每根底行的祗候，系着只孙裹肚、系腰，定当外头民户每根底有。’么道，他每的裹肚、系腰拘收〔来〕。如今诸王、诸子、官人每的祗候每，系着裹肚、系腰，说做咱每根底行的祗候，定当民户的一般有。”么道，奏呵。“安童根底说，教行文字拘收者，一就休系者。”么道，圣旨了也。钦此。

——《元典章》卷六〇《役使 · 祗候不系只孙裹肚》

至大三年十月十一日，尚书省咨:

奏过事内一件:“阔阔出的四十个校尉，穿着校尉只孙，搔扰百姓。行的其间，倒剌沙将着他每的只孙来说有。如今差八胜忽交拿去呵，怎生？”奏呵，奉圣旨:“那般者。交拿将来，口子里当军者。你遍行文书，若似这般，诸位投下投入去的，交军站里入去者。”钦此。

——《元典章》卷六〇《役使·校尉扰民》

至元二十一年九月，中书省。宣徽院呈：议得控鹤除轮番上都当役外，据大都落后并还家人等，元关只孙袄子、裹肚、帽带，官为收掌。如遇承应，却行关取。旧只孙袄子、裹肚，不得将行货卖。并织造只孙人匠，除正额织造外，无得附余夹带织造，暗递发卖。如有违犯之人，严行治罪。及不系控鹤人等，若有穿系裹肚、束带，各处官司，尽数拘收。若有诈妆控鹤搔扰官府、百姓之人，许诸人捉拿到官，严行惩戒。行下拱卫司，依上拘收禁约。都省准拟。

至元二十一年十二月，中书省。蒙古文字译该：中书省官人每根底，伯颜言语，“咱每根底行的祗候，系着只孙、裹肚、系腰，定当外头民户每有”。么道，他每的裹肚、系腰拘收来。如今诸王、诸子、官人每根底祗候每，系着裹肚、系腰说，咱每根底行的祗候，定当民户的一般。说有。么道，奏呵，安童根底说了，“教行文字拘收者。一就休教系者”。么道，圣旨了也。钦此。

皇庆二年四月，中书省。礼部呈：“拱卫司呈：‘为拿住私织上位祗候每一般只孙的人。’”奉圣旨：“私织的人根底和造假钞一般有，教刑部家好生的问者。今后教省家遍行文字，除我根底，皇太后根底，更合穿的穿系者，不合穿的拿将来好生问，重要了罪过，休教穿系者。”么道，圣旨了也。钦此。

——《通制条格》卷二七《控鹤等服带》

诸妇人制质孙燕服不如法者，及妒者，乘以骣牛徇部中，论罪，即聚财为更娶。

——（明）宋濂:《元史》卷二《太宗纪》

赐伯颜、阿朮等青鼠、银鼠、黄鼬只孙衣，余功臣赐豹裘、獐裘及皮衣帽各有差。

——（明）宋濂:《元史》卷九《世祖纪六》

禁中出纳分三库：御用宝玉、远方珍异隶内藏，金银、只孙衣段隶右藏，常课衣段、绮罗、缣布隶左藏。

——（明）宋濂:《元史》卷一二《世祖纪九》

敕:“百官及宿卫士有只孙衣者，凡与宴飨，皆服以侍。其或质诸人者，罪之。”

——（明）宋濂:《元史》卷三七《宁宗纪》

六月丁丑，禁诸王、驸马从卫服只孙衣，系绦环。

——（明）宋濂:《元史》卷三九《顺帝纪二》

礼毕，大会诸王宗亲、驸马、大臣，宴飨殿上，侍仪使引丞相等升殿侍宴。凡大宴，马不过一，羊虽多，必以兽人所献之鲜及脯鱐，折其数之半。预宴之服，衣服同制，谓之质孙。

——（明）宋濂:《元史》卷六七《礼乐志一》

元初立国，庶事草创，冠服车舆，并从旧俗。世祖混一天下，近取金、宋，远法汉、唐。至英宗亲祀太庙，复置卤簿。今考之当时，上而天子之冕服，皇太子冠服，天子之质孙，天子之五辂与腰舆、象轿，以及仪卫队仗，下而百官祭服、朝服，与百官之质孙，以及于士庶人之服色，粲然其有章，秩然其有序。大抵参酌古今，随时损益，兼存国制，用备仪文。于是朝廷之盛，宗庙之美，百官之富，有以成一代之制作矣。作舆服志，而仪卫附见于后云。

——（明）宋濂:《元史》卷七八《舆服志一》

次执列丝骨朵者三十人，皆分左右，皆金缕额交角幞头，青质孙控鹤袄，涂金荔枝束带，�鞋。

安和乐：安和署令二人，本品服，骑，分左右行。领押职二人，弓角凤翅金花幞头，红质孙加襕袍，金束带，花靴。

舁士八人，朱团扇四人，凡九十有六人，皆交角金花幞头，青红锦质孙袄，每舆前青后红，金束带，�鞋。

控鹤围子队：围子头一人，执骨朵，由中道，交角幞头，绯锦质孙袄，镀金荔枝带，�鞋。领执围子十有六人，分左右，交角金花幞头，白衬肩，青锦质孙袄，镀金荔枝带，�鞋。

天乐一部：天乐署令二人，本品服，骑，分左右。领押职二人，弓角凤翅金花幞头，红锦质孙袄，加襕，金束带，花靴。次琵琶二，箜篌二，火不思二，板二，筝二，胡琴二，笙二，头管二，龙笛二，响铁一，工十有八人，徒二人，皆弓角凤翅金花幞头，红锦质孙袄，镀金束带，花靴。

控鹤第二队：佥拱卫司事二人，本品服，骑，分左右。帅步士凡七十有四人，执立瓜者三十有六人，分左右，次捧金杌一人左，鞭桶一人右，次蒙鞍一人左，伞手一人右，次执立瓜者三十有四人，分左右，皆交角金花幞头，绯锦质孙袄，镀金荔枝带，�鞋。佥拱卫司事从者二人，服同前队。

殿中导从队：舍人二人，四品服，骑，左右。引香镫案一，黄销金盘龙衣，金炉合，结绶，龙头竿，舁者十有二人，交角金花幞头，红锦质孙控鹤袄，镀金束带，鞡鞋。

——（明）宋濂:《元史》卷七九《舆服志二》

塔海，汉卿兄子也。世祖时，从土土哈充哈剌赤。至元二十四年，扈驾征乃颜。二十六年，入觐，帝命充宝儿赤，扈驾至和林，赐只孙冠服。

——（明）宋濂:《元史》卷一二二《塔海传》

赐西马、西锦，锡名拔都。明年班师，授钤部千户，赐只孙为四时宴服，寻迁断事官。

——（明）宋濂:《元史》卷一二二《昔里钤部传》

仳理伽普华度无以自明，乃亡附太祖，赐以金虎符、狮纽银印、金螭椅一、衣金直孙，校尉四人，仍食二十三郡。

——（明）宋濂:《元史》卷一二四《仳理伽普华传》

帝劳伯颜，伯颜再拜谢曰："奉陛下成算，阿朮效力，臣何功之有。"复拜同知枢密院，赐银鼠、青鼠只孙二十袭。

——（明）宋濂:《元史》卷一二七《伯颜传》

还朝，帝召至榻前，亲慰劳之，赐金银酒器及银百两、金币九、岁时预宴只孙冠服全、海东白鹘一，仍赐以夺回所掠大帐。

——（明）宋濂:《元史》卷一二八《土土哈传》

诸王乃颜叛，世祖亲征，玉哇失为前锋。乃颜遣哈丹领兵万人来拒，击败之。追至不里古都伯塔哈之地，乃颜兵号十万，玉哇失陷阵，力战，又败之，追至失列门林，遂擒乃颜。帝嘉其功，赐金带、只孙、钱币甚厚。

——（明）宋濂:《元史》卷一三二《玉哇失传》

帝察其真诚，虚己以听。特赐只孙燕服九袭及玉带楮币，以旌其言。

——（明）宋濂:《元史》卷一四三《巎巎传》

朝廷惩亶叛逆，务裁诸侯权以保全之，因解弘略兵职，宿卫京师，赐只孙冠服，以从宴享。

——（明）宋濂:《元史》卷一四七《张弘略传》

入觐，帝慰劳之，赐银鼠皮三百为直孙衣。

——（明）宋濂:《元史》卷一四九《刘柏林传》

买哥，通诸国语，太祖时为奉御，赐只孙服，袭其父中都之职。

至元二十四年，世祖宴于柳林，命驴马居其父位次，赐只孙服。

——（明）宋濂:《元史》卷一五〇《耶律阿海传》

既即位，赐只孙衣二十袭、金带一。

——（明）宋濂:《元史》卷一七五《张珪传》

元会，赐只孙服，令得与大宴。

——（明）宋濂:《元史》卷一七六《秦起宗传》

帝在军中，即闻元珪名。至是，特加平章政事，赐白金二百五十两、只孙衣四袭。

——（明）宋濂:《元史》卷一七七《吴元珪传》

十年，召为中书参议，尝预燕，赐只孙一袭。

——（明）宋濂:《元史》卷一七八《梁曾传》

比至京师，则敕大府假法驾半仗，以为前导，诏省、台、院官以及百司庶府，并服银鼠质孙。

——（明）宋濂:《元史》卷二〇二《释老传》

健儿千队足如飞，随从南郊露未晞。鼓吹声中春日晓，御前咸着只孙衣。

——（明）朱有燉:《元宫词一百首》

浑脱囊盛阿剌酒，达挐珠络只徐裳。

——（明）李昌祺:《剪灯余话》卷四《至正妓人行》

诈马筵开醉绿醽，只孙盛服满宫廷。玉盘捧出君恩重，敕赐功臣白海青。

——（清）陆长春:《辽金元三朝宫词·元宫词》

左阶执板右持觞，宴上群工喝盏忙。鼓吹黄昏归去晚，只孙衣带御炉香。

——（清）史梦兰:《全史宫词》卷一九《元》

两宫催仗启金扉，外办遥同内办归。一片珠光分晓色，贵臣齐换只孙衣。

——（清）查嗣瑮:《查浦诗钞》卷五《燕京杂咏》

五、比甲

又制一衣，前有裳无衽，后长倍于前，亦无领袖，缀以两襻，名曰“比甲”，以便弓马，时皆仿之。

——（明）宋濂:《元史》卷一一四《世祖后察必传》

比胛裁成土豹皮，着来暖胜黑貂衣。严冬校猎昌平县，上马方才赐贵妃。

——（明）朱有燉:《元宫词一百首》

新添比甲晓寒浓，毳幕香温睡起慵。细贴花钿罢梳洗，飞仙已报午时钟。

——（清）陆长春:《辽金元三朝宫词·元宫词》

比甲弯弓唤打围，晾鹰台畔马如飞。上都青草今黄尽，才自和林避暑归。

——（清）史梦兰:《全史宫词》卷一九《元》

二　明代服饰中的蒙古因素影响史料选辑

总　论

诏复衣冠如唐制。初元世祖起自朔漠以有天下，悉以胡俗变易中国之制，士庶咸辫发椎髻，深檐胡俗〔帽〕，衣服则为裤褶窄袖及辫线腰褶，妇女衣窄袖短衣，下服裙裳，无复中国衣冠之旧。甚者，易其姓氏为胡名，习胡语，俗化既久，恬不知怪。上久厌之，至是悉命复衣冠如唐制。士民皆束发于顶，官则乌纱帽、圆领袍、束带、黑靴。士庶则服四带巾，杂色盘领，衣不得用黄玄。乐工冠青卍字顶巾，系红绿帛带。士庶妻首饰许用银镀金，耳环用金珠，钏镯用银。服浅色团衫，用纻丝绫罗绸绢。其乐妓则戴明角冠、皂褙子，不许与庶民妻同，不得服两截胡衣。其辫发、椎髻、胡服、胡语、胡姓一切禁止。斟酌损益，皆断自圣心。于是百有余年，胡俗悉复中国之旧矣。

——《明太祖实录》卷三〇“洪武元年二月”条

诸命妇私居服并八品、九品未命之妇并用团衫、系腰，不许仍用胡俗，服两截短衣。议定以闻。

——《明太祖实录》卷三六下“洪武元年十一月”条

朕本布衣，失习圣书，况摧强抚顺，二十有一年。常无宁居，纪纲粗立，故道未臻。民不见化，市乡里闾尚循元俗。……中国衣冠坏于胡俗，已尝考定品官命妇冠服及士庶人衣巾、妇女服饰行之，中外惟民间妇女首饰衣服尚循旧习，宜令中书颁示定制，务复古典。

——《明太祖实录》卷七三“洪武五年三月”条

入内朝见君后，在家见姑舅并夫及祭祀，许用冠服，余皆常服。其常服用颜色圆领衫，不得仍用胡服。

——《明太祖实录》卷二〇九“洪武二十四年六月”条

戊午，命礼部申明民巾服之制。上（明成祖）以京师军民狃于习俗，多戴圆帽、靨头，非本等巾服，乖于礼制，故有是命。

——《明太宗实录》卷五九“永乐四年九月丁巳朔”条

礼部尚书胡濙等奏:“向者山东左参政沈固言，中外官舍军民戴帽穿衣习尚胡制，语言跪拜习学胡俗，垂缨插翎尖顶秃袖，以中国之人效犬戎之俗，忘贵从贱，良为可耻。昔北魏本胡人也，迁洛之后尚禁胡俗。况圣化度越前古，岂可效尤。今山东右参政刘琏亦以是为言，请令都察院出榜，俾巡按监察御史严禁。”从之。

——《明英宗实录》卷九九“正统七年十二月”条

（何乔新）又言都民习胡语胡服，此伊川被发野祭之类，宜禁约。从之。

——《明武宗实录》卷一六五“正德十三年八月”条

元士庶皆戴帽，医儒戴笠。其服通用纻丝绫罗纱绢，不拘颜色。国朝士庶初戴四角巾，今改四方平定巾、杂色盘领衣，不许用黄皂隶冠、圆顶巾，衣皂衣、乐艺冠、青卍字顶巾，系红绿搭膊。

——《大明集礼》卷三九《冠服》

弘治四年春正月，禁胡服胡语。

——（明）郑晓:《吾学编》卷九《皇明大政记》

元胡乱华，华尽胡俗，深檐，胡帽也。裤褶、腰褶，胡服也。裤褶褶在膝，腰褶皆细密，攒束以便上马耳。妇女则窄袖短衫。明兴尽除故陋，一用唐制，用夏变夷，上续羲轩垂统，令严法行。然常见河以北，帽犹深檐，服犹腰褶，妇女衣窄袖短衫，犹十之三见于郡县。而吾里予童儿犹是习久而难变，甘陋而相忘耳。文皇北来定鼎，护从迁徙多南人，故尽变胡语，而语皆金陵，非气得其清而沿定也。

——（明）王同轨:《耳谈类增》卷四一《元胡乱华之祸》

洪武元年二月，诏禁胡俗，悉复中国衣冠之旧。初元世祖起自朔漠以有天下，悉以胡俗变易，中国之士庶咸辫发椎髻，深檐胡俗〔帽〕。衣服则为裤褶窄袖及辫线腰褶，妇女衣窄袖短衣，不服裙裳，无复中国衣冠之旧。甚者易其姓氏为胡语，俗化既久，恬不知怪，上久厌之。及克元都，乃诏衣冠悉复唐制。士民皆束发于顶，官则乌纱帽、圆领、束带、黑靴。士庶则服四带巾，杂色盘领，衣不得用黄玄。其辫发、胡髻、胡服、胡语一切禁止。于是百有余年，胡俗复中国之旧。

十二月辛未，监察御史高原侃言，京师人民循习元氏旧俗。凡有丧葬，设宴会亲友，作乐娱尸。惟较酒肴厚薄，无哀戚之情，流俗之坏至此，甚非所以为治。且京师者，天下之本，万民之所取。则一事非礼，则海内之人转相视效，弊可胜言？况送终礼之大者，不可不谨。乞禁止以厚风化。上是其言，乃诏中书省令礼官定官民丧服之制。

五年三月辛亥，上谓礼部臣曰:“礼者，所以美教化而定民志。成周设大司徒以五礼防万民之伪，而教之中。夫制中莫如礼，修政莫如礼。故有礼则治，无礼则乱。居家有礼，则长幼序而宗族和。朝廷有礼，则尊卑定而等威辨。元以夷变夏，民染其俗，先王之礼几乎熄矣。而人情狃于浅近，未能猝变。今命尔稽考典礼合于古而宜于今者，以颁布天下。俾习以成化，庶几复古之治也。”

六年三月甲辰，礼官上所定礼仪。上谓尚书牛谅曰:“礼者，国之防范，人道之纪纲，朝廷所当先务，不可一日无也。自元氏废弃礼教，因循百年，而中国之礼变易几尽。朕即位以来，夙夜不忘，思有以振举之，以洗汁染之习。故尝命尔礼部定著礼仪。今虽已成，宜更与诸儒参详考议，斟酌先王之典，以复中国之旧，务合人情，永为定式。庶几惬朕心也。”

二十六年三月癸亥，上谓礼部臣曰:“先王之治天下，彝伦为本。至于胡元昧于教化，九十三年之间，彝伦不叙，至有子纳父妾而弟妻兄妻，兄据弟妇者。此古今大变，中国之不幸也。朕膺天命，君主华夷。复先王之教，以叙彝伦。务使各得其序，既定于律，又著之《大诰》以明示天下。比闻民间尚有顽不率教者，仍蹈袭胡俗，甚乖治体，宜申禁之，违者论如律。”

——（明）朱睦㮮辑《圣典》卷九《易俗》

高皇帝驱逐胡元，首禁胡服、胡语。今帝京，前元辇毂所都，斯风未殄，军中所戴大帽既袭元旧。而小儿悉绾发如姑姑帽，嬉戏如胡儿，近服妖矣。

——（明）史玄:《旧京遗事》

分　论

一、笠帽

李俊连举进士不第。贞元二年，故人国子祭酒包佶通于主司，将援成之旧例。发榜前一日，以各名呈执政。其日五鼓，俊往候佶，俟里门辟而入焉。有一邮役，小囊、笠帽坐于卖糕者之侧。

——（明）刘万春:《守官漫录》卷一《内编·功名分定》

萧山张公时峻守吾郡。方七月，人方倚赖之。公以刑部时余累趣解官去。予忧病不可出，强起候公门。公青衣、丝屦、笠帽而苇带，迎我于门外。

——（明）林俊:《见素集》卷三《郡斋别言》

上令璁为士大夫燕冠，璁仿古缁布为之，上名曰“忠静”。岳以制出璁不冠也，独遮阳帽、曳撒、鸾带，如国初制。

——（明）何乔远:《名山藏》卷七八《臣林记·张岳》

《事物绀珠》：小帽六瓣、金缝，上员平，下缀檐，国朝仿元制。

——（清）陈元龙:《格致镜原》卷一四《帽》

二、圆帽

本厂设掌贴刑千百户二员，掌贴、领班、司房四十余名，圆帽、皂靴，穿直身。十二伙管事，圆帽、衪襒、皂靴。其挡头办事百余名，分子丑寅卯十二伙，圆帽、裢褶、白靴。番役千余名。

皇子戴元青、绉纱、六瓣、有顶圆帽，名曰“爪拉帽”。

——（明）刘若愚:《酌中志》卷一六《内府衙门职掌》

皇城内，内臣除官帽、平巾之外，即戴圆帽。冬则以罗或纻为之；夏则马尾、牛尾、人发为之。有极细者，一顶可值五六两，或七八两、十余两，名曰“爪拉”或“爪喇”，绝不称帽子，想有所避忌云。

——（明）刘若愚:《酌中志》卷一九《内臣服佩纪略》

往时惟有方巾、圆帽二种，今则唐巾、云巾、帽巾，无人不用瓦楞，或用绉纱、瓣幅。甚至奴隶之辈亦顶唐巾，着朝履者。

——（明）蔡献臣:《清白堂稿》卷一七
《同安县志·风俗志》

业举之文既著在功。令学官弟子务一场者，家相传，人相授，主经传，传切理，会文有章，程度数一。如元人帽制，必圆而六瓣，必上杀而六合。穷其极，以为颠。必下为檐，以受瓣。檐其高，必杀什之七。服者无敢易也，易则众目骇矣。鬻于市亦不售。乃二三场，实兼往古之制，用之今。其为二三场者，竟何如？尔业者与览者必自镜矣。毋亦若帽，然近世士大夫则厌服圆帽。

——（明）靳学颜:《靳两城先生集》
卷二〇《场屋尔雅题辞》

宫中小皇子，旧制戴玄青、绉纱、瓜瓣、有顶圆帽，名瓜拉冠，烈皇时一概用金箔胡同冠也。

——（明）史玄:《旧京遗事》

林澹然不敢行动，即闪入山凹里幽静所在躲避，直到夜静，方才走路。一路夜行晓住，奔驰数夜，早到了武平地面。此时，日色将沉。林澹然心里暗想："前去已是睢阳郡武津关口，此是紧要去处，惟恐盘诘难行。过得此关，即是东魏地方，可脱网罗矣。"行近大梁城门口，思量无计，只得大胆拽步前行。忽见一个山东汉子，背着一搭裢毡货，在城门外货卖。林澹然忽然自想："除是恁般，方过去得。"便取钱买了一个敞口大暖帽戴了。拽下檐来遮着脸，取路进城。

——（明）方汝浩:《禅真逸史》第十一回
《弥勒寺苗龙叙情　武平郡杜帅访信》

那丑驴先走到柴门下，只见疏篱开处，走出一个老者来。那老者头戴深檐暖帽，身穿青布羊裘，脚穿八搭翁鞋，手拄过头藤杖，问道:“做甚么的?”丑驴道:“小人是行路的，因雪大难走，投不着宿头，告借一宿。”

——（清）佚名:《梼杌闲评》第五回
《魏丑驴露财招祸　侯一娘盗马逃生》

三、胡帽

十数年间，武宗或胡帽，或紫衣，或持咒，或结印，往往传播民间。番教无资于祈请，西佛未见其踪迹。糜费大官，流谤道路。二者，武宗实恨焉。

——（明）安磐:《黜异端惩小人以隆圣道疏》，
（明）孙旬辑《皇明疏钞》卷一一《好尚》

九月十六日，季铎斋赏并圣母皇太后寄来貂裘、胡帽、衣服等物到营，见上说:“初六日，郕王已即皇帝位。”又说:“文武百官，奉皇子三人中年长者一人为东宫。”皇上令臣写书三封，一禅位于郕王，一问安于太后，一致意于百官，绝也先辟地之心，动景皇天伦之念。上看之，甚喜，当时祝天。

——（明）袁彬:《北征事迹》

四、棕帽

徐达围庐州，手枪大呼，先登克其城。继下汉沔荆州诸郡，回京师得赏玉顶棕帽、珠玉、布匹、良马。

——（明）佚名:《秘阁元龟政要》卷四

一日，予同丘仲深送玉堂赏花会诗诣李文达所，适与弼先在，予见其戴尖顶阔檐棕帽。文达咨以下学上达之妙，不能条析，但谓:“且莫说上达之妙，只说下学事。”文达顾予哂曰:“老先生亦记注不得。”与弼支离，出建言本呈文达。良久，起身为欲辞状，予亦起立，与弼揖予曰:“大人先出，吾有私话与先生商量。”予揖出门，别文达。其徒黄顺中复送数步，予欲立谓之曰:“棕帽非士服，吴先生何为尔？”顺中曰:“遮日耳。”予又曰:“公事则公言之，私事则不可言，况处士可语私事于宰相前乎？”顺中曰:“非他私事，只欲决去就耳。”予曰:“去就当自决，岂可求决于宰相？”顺中曰:“吴先生见朝廷授以谕德，不允其辞，意得李先生终后把得作住，方可就职，故来问耳。”予曰:“把作得住否，亦岂李先生所能预料？此当自度才力何如耳。然予适见吴先生所建白六事，皆经生之恒谈，无大裨于治教。且词语寂寥，学术可知。不若劝其终隐，免致他日实不副名，贻笑斯文。”顺中曰:“谅不可留。”以是与弼乃辞归。

——（明）尹直:《謇斋琐缀录》卷四

异日，较射观德殿内。侍皆戎服，上见应元棕帽金顶，乃潜邸物，诘责之。应元惶恐谢，于是并国用褫逐。

——（明）王世德:《崇祯遗录》

靖难师起，观奉命草诏，极论大义。师既渡淮，又奉命征兵。上游诸郡，入援，观奋不顾家，且行且募兵。至安庆，闻京城已定，痛哭谓人曰：“吾妻素有志节，必不受辱。”遂招魂葬之江上。明日，家僮自京逃来，言：“当国者索传国宝，不得，或言许尚宝已赴上游起兵矣。因命执其妻翁氏并二女配象奴。奴叱取钗钏出市酒肴，翁遂携二女率家属十人赴淮清桥下溺焉。”观舟次李阳河，闻报者曰：“上已出奔过池之建德，而郡臣奉新皇帝即位今三日矣。”自分大事已去，力不能支，乃东向再拜，于罗利湍矶急处，给舟人奋棹，乃投水而死。人急钓之，仅得珠丝棕帽，后追捕者得之以献。命购其尸，不获，有匿之者。遂族观家，且逮党百余人，坐系诏狱。仁朝初，悉释不问。

——（明）黄佐：《革除遗事》卷二《黄观》

午门外前看操马去来。夜来两个舍人操马，一个舍人打扮的：脚穿着皂麂皮嵌金线蓝条子、卷尖粉底、五彩绣麒麟、柳绿纻丝抹口的靴子；白绒毡袜上，拴着一副鸦青段子满刺〔刺〕娇护膝；衫儿、裤儿、裹肚等里衣且休说，刺〔刺〕通袖膝襕罗帖里上，珊瑚钩子系腰，五六件儿刀子，象牙顶儿，玲珑龙头解锥儿，象牙细花儿挑牙，鞘儿都全；明绿抹绒胸背的比甲，鸦青绣四花织金罗搭护，江西十分上等真结综帽儿上，缀着上等玲珑羊脂玉顶儿，又是个鹚鹚翎儿。……柳绿蟒龙织金罗帖里，嵌八宝骨朵云织金罗比甲，柳黄饰金绣四花罗搭护。八瓣儿铺翠真言字妆金大帽上，指头来大紫鸦忽顶儿，傍边插孔雀翎儿。

——《朴通事谚解》卷上

你的帽儿那里做来？徐五家的。将来我看。这帽儿也做得中中的，头盔大，檐儿小，毡粗，做的松了，着了几遍雨时，都走了样子。徐五的徒弟李大，如今搬在法藏寺西边混堂间壁住里。

那厮十分做的好，可知。那厮使长的大帽也做里，休道是街上百姓的。我如今与你一两银，将去馈李大做定钱，做云南毡大帽儿一个，陕西赶来的白驼毡大帽儿一个，说与他，套上毡儿，着我看了的之后，着刺边儿，刺的细匀着。李大的帽儿样儿可喜，不走作，又不怕雨雪，为甚么？那头盔好煞到了时，才套上毡儿，这一个高手的人做的生活，高如师傅。

——《朴通事谚解》中

五、大帽

庚子，建州左卫都督董山、肥河卫都督孛里格入贡。如例给赏外，复乞银器、玉带、蟒龙衣帽。礼部奏请量赐以慰夷情。上命人与大红膝襕衣并大帽。

——《明宪宗实录》卷一四“成化元年二月二十三日”条

弗提卫右都督帖思古奏讨金带、大帽等物，礼部以非常例宜不与。上曰：“待其有功，如例与之。”

——《明宪宗实录》卷三九“成化三年二月二十四日”条

宜移文国子监，以举人年浅者放还，俾提学等官时常考较。如遇所司迎诏拜表，须令儒巾行礼，不许戴大帽系带游说干谒。

——《明宪宗实录》卷一七七
“成化十四年四月二十二日”条

赐建州卫都督完者秃、肥河卫都督加哈察大帽、金带，从其请也。

——《明孝宗实录》卷一二二
“弘治十年二月二十四日”条

乙巳，礼部以车驾将还京。请令文武群臣各具常朝冠服迎候，既而得旨用曳撒、大帽、鸾带……是日文武群臣皆曳撒、大帽、鸾带服色，迎驾于德胜门外。

——《明武宗实录》卷一五八
“正德十三年春正月五日”条

（虞守随言）往岁圣驾自宣府回，百官奉旨戴大帽，衣曳撒，系海马带郊迎。今圣驾将回，万一复宣前旨。臣窃惑之，盖中国之所以为中国者，以有礼义之风，衣冠文物之美也。况我祖宗革胡元腥膻左衽之陋，冠服礼仪具有定式。圣子神孙，文臣武士，万世所当遵守。奚可以一时之便而更恒久之制乎？乞敕礼部别议迎驾礼仪，毋拘前旨，庶足以表示天下不至遗讥后世。疏入不报。

——《明武宗实录》卷一七〇
“正德十四年春正月二十日”条

赐塔山前卫女直都督速黑忒、弗提卫都督汪加奴大帽、金带，建州左卫都督脱原保纻丝蟒衣，从其请也。

——《明世宗实录》卷一二“嘉靖元年三月二十四日”条

女直撒剌卫都督佥事都鲁花乞大帽、金带，兵部言其约束部落有功，诏赐之。

——《明世宗实录》卷二四“嘉靖二年三月七日”条

以塔鲁木卫都督佥事竹孔革升职久，给金带、大帽各一，从其请也。

——《明世宗实录》卷三六“嘉靖三年二月二十四日”条

壬寅，赐毛怜卫都督木哈尚金带、大帽各一，从其请也。

——《明世宗实录》卷三八“嘉靖三年四月八日”条

女直左都督速黑忒自称有杀猛克功，乞蟒衣、玉带、金带、大帽等物，诏赐狮子彩币一袭、金带、大帽各一。

——《明世宗实录》卷一二三
“嘉靖十年三月十九日”条

查女直都督先年尝因求讨赐以大红狮衣、金带、金帽、大帽，今鸾奏乞从厚赏赉。宜依前例俺答，赐大红纻丝膝襕花样衣一、表里金顶大帽一、金带一。

——《明世宗实录》卷三七三
“嘉靖三十年五月十八日”条

乙未，给赏延绥互市虏酋吉囊狼台吉二人，如俺答把都儿例，各大红膝栏狮子纻丝一袭、彩段四表里、金大帽一顶、金带一条。

——《明世宗实录》卷三八一
“嘉靖三十一年正月十二日”条

给女直夷人职事衣服、金带、金顶大帽。

——《明神宗实录》卷一五“万历元年七月十日”条

女直夷人都督佥事等官八汗等，各奏讨金带、金顶大帽、职事衣服，译无违碍及复查明白，俱各给赏如例。

——《明神宗实录》卷九二“万历七年十月二十五日”条

甲戌，赐海西女直建州夷人兀失等金带、大帽、职事衣服。

——《明神宗实录》卷二〇七
“万历十七年正月二十六日”条

予女直夷人猛骨索罗及羊索罗金带、金顶大帽并职事衣服如例。

——《明神宗实录》卷二六五“万历二十一年十月”条

大夫便喝从人，教且松了他的手。小童急忙走去把索子头解开，松出两只手来。大夫叫将纸墨笔砚拿过来，放在宣教面前，叫他写个不愿当官的招伏。宣教只得写道：“吏部候勘宣教郎吴某，只因不合闯入赵大夫内室，不愿经官，情甘出钱二千贯赎罪，并无词说。私供是实。”赵大夫取来看过，要他押了个字。便叫放了他绑缚，只把脖子拴了，叫几个方才随来家的带大帽、穿一撒的家人，押了过对门来，取足这二千缗钱。

——（明）凌濛初:《二刻拍案惊奇》卷一四《赵县君乔送黄柑　吴宣教干偿白镪》

臣欲，少待数日，唤集里老通长计议，安戢百姓。陈增头日行牌，次日着参随五人青衣大帽站立县堂，立要千夫花名文册。

——（明）鲍应鳌:《瑞芝山房集》卷一〇《文林郎益都令谦庵吴公行状》

旧例，京官三品始乘轿，科道多骑马，后皆私用轿矣。王化按浙，一举人大帽入谒，化问曰:“若冠起自何时？”举人应声曰:“即起于大人乘轿之年。”

——（明）李绍文:《皇明世说新语》卷二《言语下》

（弘治十一年）是秋，赐陕巴大帽、蟒衣、玉带、象笏，复封为忠顺王。

——（明）张萱:《西园闻见录》卷五五《兵部四·边防后下·哈密》

时大帽罗列，知者皆目为校尉也。

——（明）陈仁锡:《无梦园初集》有集《经筵讲章》

那人笑道:“原来你不认得我，我就是郭令公家丁胡二……你若疑惑，明早同到城门上去，问那管门的，谁个不认得我！”这主人家被他把大帽儿一磕，便信以为真。

——（明）冯梦龙:《醒世恒言》卷六《小水湾天狐诒书》

这几个朋友好不高兴，带了五六个家人上路……跟随人役个个鲜衣大帽。

——（明）冯梦龙:《醒世恒言》卷二一《张淑儿巧智脱杨生》

刘晰卿曰:“方忠贤阅边，诏以巡抚大帽骑马而尾其后。”众莫不掩口而笑。

——（明）高汝栻:《皇明续纪三朝法传全录》
卷一六《以刘诏为蓟辽总督》

今武弁、举子、驿史、仓曹皆戴三品忠静冠。始儒俗莫分，尊卑莫别，如法服何？然大帽、半袖胡服亦未尽革也。

——（明）胡缵宗:《愿学编》卷下

江右有詹某者，以势宦姻亲常戴大帽肆为诛求，监司不敢问。一日谒公，公即收之狱，同官愕然，公曰:“此辈不治，恐为大帽者接踵也。”

——（明）康大和:《工部右侍郎赠本部尚书
陆公杰墓志铭》，（明）焦竑:《献征录》卷五一

湖广有个举人姓何，在京师中会试，偶入酒肆，见一伙青衣

大帽人，在肆中饮酒。

——（明）凌濛初:《初刻拍案惊奇》卷四〇
《华阴道独逢异客　江陵郡三拆仙书》

头上戴一顶儒巾就是相公，换了一个大帽即称员外，谁敢拦阻！

——（明）方汝浩:《禅真逸史》第十三回
《桂姐遗腹诞佳儿　长老借宿擒怪物》

江右张西江（寿朋）初拜比部，丁亥京察，外谪为山东泰安州同知。又以与同寅争香税事，当镌一级，赴部听补，得降永平府推官。言路起而争之，谓以州倅得司理，则运同降一级，当为按察司佥事；知府降一级，当得布政司参议；运司降一级，当为按察司副使矣。时文选郎中为谢庭采，疏辨殊支。张乃改降万全都司断事而去，迄不振罢归，至今未出。张此补本属创见，谢选君同乡相善，破格用之。但先朝知县，多升州同知，嘉靖初尚然，后遂为胥吏辈考中之官，及资郎之优选，无一清流居之，今下迁反为理官，似骇听闻。因思此官亦从六品，秩已不卑。然列县佐之班，叩首呼老爷，每直指行部，则大帽戎衣，趋走巡捕。一不当意，棰楚尘埃间，与舆皂无异。至府司理，亦得而笞之詈之，宜谢选郎之受抨也。

——（明）沈德符:《万历野获编》卷一一
《吏部·张西江比部》

近又珍玉帽顶，其大有至三寸，高有至四寸者。价比三十年前加十倍，以其可作鼎、彝盖上嵌饰也。问之，皆曰此宋制，又有云宋人尚未办此，必唐物也。竟不晓此乃故元时物。元时除朝会后，王公贵人俱戴大帽，视其顶之花样为等威。尝见有九龙而一龙正面者，则元主所自御也。当时俱西域国手所作，至贵者值数千金。本朝还我华装，此物斥不用。无奈为估客所昂，一时竞珍之。且不知典故，动云宋物，其耳食者从而和之，亦可哂矣。

——（明）沈德符:《万历野获编》卷二六《玩具·云南雕漆》

其帽如我大帽而制特小，仅可以覆额。又其小者止可以覆顶，赘以索系之项下。其帽之檐甚窄，帽之顶赘以朱英，帽之前赘以银佛。制以毡，或以皮或以麦草为辫，绕而成之，如南方农人之麦笠然。此男女所同冠者。凡衣无论贵贱皆窄其袖，袖束于手，不能容一指。其拳恒在外，甚寒则缩其手而伸其袖。袖之制促为细折，折皆成对而不乱。膝以下可尺许，则为小辫，积以虎豹、水獭、貂鼠、海獭诸皮为缘。

——（明）萧大亨:《北虏风俗·帽衣》

予休致家居，时节喜庆，或接宾客访亲友，则具冠带盛服为礼。其余燕居，则冠小帽或东坡学士巾而多服曳撒。或有请服深衣幅巾者，予应之曰:“昔尝叨侍宪宗皇帝。观解于后苑，伏睹所御青花纻丝窄檐大帽、大红织金龙纱曳撒宝装钩绦。又侍孝宗皇帝讲读于青宫，早则翼善冠、衮绣员领，食后则服曳撒、玉钩绦。而予蒙赐衣内亦有曳撒一件，此时王之制，所宜遵也。”

——（明）尹直:《謇斋琐缀录》卷八

吏隶、生员、齐民于上各加巾，私则加小帽又加大帽，则帻之推也。温使着帽进而免其戴帻，则帻固如今之乌纱帽，而帽固如今之大帽。小帽盖欲便之不用礼服而以为重安也。

——（明）张志淳:《南园漫录》卷四《巾帻》

一日闲居，阍者报有官仆投书，呼之入，两人俱大帽绢衣若承差状。

——（明）周玄炜:《泾林续纪》卷三

自破黄岩而其志益骄。绯袍、玉带、金顶五檐黄伞。头目人等俱大帽、袍带、银顶青伞。

——（明）万表:《海寇议》前编

对阵擒获并收获原刊伪号大中令印板及遁甲兵书、阴阳杂书同散号簿籍共七本，五色线绦一条、镀金顶大帽一顶、红褐比甲二件……

并擒获樊绅等原骑马骡二十四匹头、伪号令板一片、遁甲兵书并阴阳杂书及散号簿籍共七本、五色线绦一条、镀金顶大帽一顶、红褐比甲二件……

——（明）杨一清:《关中奏议》卷一五

上（崇祯帝）携承恩手幸其第，脱黄巾，取承恩及韩登贵大帽衣靴着之。手持三眼枪，随太监数百，走齐化、崇文二门欲出不得，至正阳门。

——（明）钱枳:《甲申传信录》卷一

习学一年之后，如正月十六、二月二日、三月三、四月十八、九月初九、十月初一日，此六大节，人多闲暇。掌印官择于教场或关厢宽大之处，头一日将概县弓手与弓手较，次二日概县刀手与刀手较，各艺挨日皆然。教师、习士俱分为三等赏罚，仍选上能者呈院给与大帽、衣撒，免其差徭。

——《吕坤全集·实政录卷九》

六、直檐帽

甲子，遣中官赍奉大行皇帝遗冠服等物，气泽所存，启阅悲怆，痛何可言。谨以皂纱冲天冠一、黑毡直檐帽一并金级顶子、茄蓝间珊瑚金枣花帽珠一串、金相云雁犀带一、金相膘玉穿花龙绦环一副……

——《明仁宗实录》卷一“永乐二十二年八月”条

七、烟墩帽

烟墩帽，亦古制也。冬则天鹅绒或纻绉纱，夏则马尾所结成者，上缀金蟒珠石，其式如大帽直檐而顶稍细。

——（明）刘若愚:《酌中志》卷一九《内臣服佩纪略》

赐来大帽号烟墩，云是唐王古制存。金顶宝装齐戴好，路人只拟是王孙。

——（明）严嵩:《钤山堂集》卷一三
《诗·赐烟墩帽并金厢宝石帽顶一座》

话说安抚见公子回来，忙送他到馆内读书。不期次日众官员都来候问衙内的安。安抚想道:“我的儿子又没有大病，又不曾叫官医进来用药，他们怎么问安?”忙传进中军来，叫他致意众官员，回说衙内没有大病，不消问候得。中军传着安抚之命。不一时，又进来禀道:“众官员说晓得衙内原没有病，因是衙内昨日跑马着惊，特来致问候的意思。”安抚气恼道:“我的儿子才出衙门游得一次，众官就晓得，想是他必定生事了。”遂叫中军谢声众官员。他便走到夫人房里来，发作道:“我原说在此现任，儿子外面去不得的。夫人偏是护短，却任他生出事来，弄得众官员都到衙门里问安，成甚么体统!”夫人道:“他玩不上半日，那里生出甚么事来?”安抚焦燥道:“你还要为他遮瞒?”夫人道:“可怜他小小年纪，又没有气力，从那里生事起。是有个缘故，我恐怕相公着恼，不曾说得。”安抚道:“你便遮瞒不说，怎遮瞒得外边耳目?”夫人道:“前日相公分付说，要儿子改换妆饰，我便取了相公烟墩帽上面钉的一颗明珠，把他带上。不意撞着不良的人，欺心想着这明珠，连帽子都抢了去。就是这个缘故了。”安抚道:“岂有此理!难道没人跟随着他，任凭别人抢去?这里面还有个隐情，连你也被儿子瞒过。”夫人道:“我又不曾到外面去，那里晓得这些事情。相公叫他当面来一问就知道详细了，何苦埋怨老身。”说罢便走开了。

——（清）酌元亭主人:《照世杯》卷三
《走安南玉马换猩绒》

八、缠棕大帽

忽一日，张员外走出厅来，忽见门公来报:“有两川节度使差来进表官员，写了员外姓名、居址，问到这里，他要亲自求见。”员外心中疑虑，忙教请进。只见那差官:头顶缠棕大帽，脚踏粉底乌靴，身穿蜀锦窄袖袄子，腰系间银纯铁挺带。行来魁岸之容，面带风尘之色。从者牵着一匹大马相随。

——（明）冯梦龙：《醒世恒言》卷三一
《郑节使立功神臂弓》

新大褶，皂罗袍，方巾四角带儿飘。卷檐金顶缠棕帽，何必文章教尔曹。

——《金雀记》第七出，（明）毛晋：《六十种曲》

这西门庆头戴缠棕大帽，一撒钩绦粉底皂靴，进门见婆子，拜四拜。

——（明）兰陵笑笑生：《金瓶梅》第七回

那日穿着一弄儿轻罗软滑衣裳，头戴金顶缠棕小帽，脚踏干黄靴，纳绣袜口，同廊史何不违带领二三十好汉，拿弹弓、吹筒、球棒，在于杏花庄大酒楼下，看教场李贵走马卖解，竖肩桩，隔肚带，轮枪舞棒，做各样技艺顽耍。

——（明）兰陵笑笑生：《金瓶梅》第九十回

行了两日，过了广宁，将到宁远地方，却见征尘大起，是宋国公兵来。他站在大道之旁，看他一起起过去，只见中间一个管哨将官，有些面善。王喜急促记不起，那人却叫人来请他去营中相见。见时，却是小时同窗读书的朋友全忠。他是元时义兵统领，归降做了燕山指挥佥事，领兵跟临江侯做前哨。一见便问他缘何衣衫蓝缕，在这异乡。他备细说出来的情由，并庄表兄薄情。全忠道："贤兄，如今都是这等薄情的，不必记他。但你目今没个安身之所，我营中新死了一个督兵旗牌，不若你暂吃他的粮。若大军得胜，我与你做些功，衣锦还乡罢。”王喜此时真是天落下来的富贵，如何不应允。免不得换了一副缠粽大帽，红曳撒，捧了令旗、令牌，一同领兵先进。

——（明）陆人龙:《型世言》第九回《避豪恶懦夫远窜　感梦兆孝子逢亲》

京师多尼寺，惟英国公宅东一区，乃其家退闲姬妾出家处。门禁严慎，人不敢入，余皆不然。然有忌人知者，有不忌者。不忌者，君子慎嫌疑固不入；忌者有奇祸，切不可入。天顺间，常熟一会试举人出游，七日不返，莫知所之。乃入一尼寺被留。每旦，尼即锸户而出，至暮潜携酒殽归，故人无知者。一日生自惧，乃逾垣而出，出则臞然一躯矣。又闻永乐间有圬工修尼寺，得缠鬃帽于承尘上。帽有水晶缨珠，工取珠卖于市，主家识而执之。问其所从来，工以实对。始知此少年窃入尼室，遂死于欲，尸不可出，乃肢解之，埋墙下。法司奏抵尼极刑，而毁其寺。今宫墙东北草场，云是其废址也。

——（明）陆容:《菽园杂记》卷六

九、腰线袄、辫线袄

诏定侍仪舍人及校尉刻期冠服……元执仗士，首服用交脚幞头，镂金额交脚幞头，五色绝巾，展脚幞头，凤翅唐巾，其服有紫梅花罗窄袖衫，涂金束带，白锦汗裤，绯绣宝相花窄袖衫，生色宝相花袍，勒帛云龙靴，佩宝刀紫罗辫线袄。今拟侍仪舍人导礼依元制，用展脚幞头，窄袖紫衫，涂金束带，皂纹靴，常服用乌纱帽盘领衫。校尉执仗亦依元制，首服用金额交脚幞头，诸色辟邪宝相花裙袄，铜葵花束带，皂纹靴。刻期冠方顶巾，衣胸背鹰鹞花腰线袄……制曰可。

——《明太祖实录》卷三九“洪武二年二月十二日”条

今日好日头，斗星日得饮食的日头，好裁衣，将出那段子来裁。这明绿通袖膝栏绣的做帖里，这深肉红界地穿花凤纻丝做比甲，这鸡冠红绣四花做搭护，这鸦青织金大蟒龙的做上盖，都裁了也。如今便下手缝。一个不会针线的女儿，着他搓各色线，且将那水线来都引了着。你来将那腰线包儿来，拣着十分细的大红腰线上，纽子不要底似大，恰好着，大时看的蠢坌了。又一个女儿缴手帕着，缴的细匀着，三四十个手帕也递不勾〔够〕。

——《朴通事谚解》中

十、曳撒

巡按陕西监察御史张文言:“顷者，司礼监一再传写帖子，令陕西、甘肃二处守臣如所降图式，织彩妆绒毲曳撒数百事。”

——《明孝宗实录》卷六〇“弘治五年二月二十九日”条

近者差内官往苏杭等处织造假匹，陕西等处织造羊绒织金彩妆曳撒秃袖。

——《明孝宗实录》卷一四三
“弘治十一年十一月十一日”条

赐可汗五色彩假并纻丝蟒龙直领褡褸、曳撒、比甲、贴里一套。

——《明英宗实录》卷七五“正统六年春正月二十六日”条

曳撒、鞠衣之类，既非先王之制，又非常用不可无之物。

——（明）杨一清:《悯人穷恤人言以昭圣德疏》，（明）孙旬:《皇明疏钞》卷二五

若细缝裤褶，自是虏人上马之衣，何故士绅用之以为庄服也？

——（明）沈德符:《万历野获编》卷二六

裤褶戎服也，其短袖或无袖，而衣中断，其下有横褶，而下腹竖褶之。若袖长则为曳撒，腰中间断，以一线道横之，则谓之程子衣。无线道者，则谓之道袍，又曰直掇。此三者，燕居之所常用也。迩年以来，忽谓程子衣道袍，皆过简。而士大夫宴会，必以曳撒，是以戎服为盛，而雅服为轻，吾未之从也。

——（明）王世贞:《觚不觚录》

癸未、甲申，三扈圣驾上陵，赐大红织金曳撒、鸾带等物。

——（明）于慎行:《谷城山馆诗集》卷一六

凡遇圣驾朝讲、游幸，穿麟补、红䙌襒，执藤条拦挡者，皆掌司人数写字也。或转经厂司礼监掌司者，则每拨内另有一种衙门写字，共十余员挨补而已。自提督至写字，俱穿䙌襒。

凡圣驾出朝、谒庙等项，在前警跸清道者，即此监之官也。执骨朵，身穿鹦哥等补子，戴平巾或官帽，亦有穿圆领䙌襒者。其人极寒苦，难以升转，下下衙门也。

此外，又有巡街长随，亦自答应长随内历俸实挨，戴平巾，穿青䙆𧝂，牙牌，轮流巡历地方，有旗尉数人跟随。

答应长随。凡收入官人，先选身子伟壮有力者百余人，分派大轿、小轿并伞扇等，演习步骤。凡遇谒庙、朝讲，以至圣驾出外，抬弓矢、赏赐等箱，驾回，各交原处。俱在元武门东西、长庚门之外一带廊下家住，属司礼监辖。看守六科廊、报水、巡街、礼仪房等项，皆从此中升补。凡夜间那方有光亮，便从宫中门缝传出，急差长随分寻是何处失火，登时回话。凡召封宣官及钦赐大臣银两、羊酒等项，皆长随赍送。天下文武官，各藩府进到表笺礼物，皆长随接进。其为首数员，有官帽曰答应牌子，即司礼监奉御，然不敢穿䙆𧝂也。

宫内教书，选二十四衙门多读书、善楷书、有德行、无势力者任之。三四员、五六员不拘。穿䙆𧝂。

——（明）刘若愚:《酌中志》卷一六《内府衙门职掌》

䙆𧝂，其制后襟不断，而两旁有摆，前襟两截，而下有马面褶，往两旁起。惟自司礼监写字以至提督止，并各衙门总理、管理，方敢服之。红者缀本等补，青者否。

徐文贞命其子璠督万寿宫之役甚勤。令人私觇之，曰:“公子作何装束？”曰:“衣冠如常仪。”公怒命易以曳𧝂、袖金。钱劳诸役，惰者辄与杖，百日而工成焉。上大喜，晋太常少卿，遂夺分宜之宠。故事，工役绾于中贵人，借此干没诸工食，不欲速就。千夫不得三百人之用。太常非挟华亭之势，亦不能行法于将作也。

——（明）丁元荐:《西山日记》卷上《才略》

（寇天叙）每日戴小帽穿一撒坐堂。

——（明）何良俊:《四友斋丛说》卷六《史二》

内臣所服衼襒，青、红不等。红者曰穿红。近侍后妃宫中亦有别之，曰某宫穿红。

——（明）秦元方:《熹庙拾遗杂咏》

（魏）忠贤日随老内相出入禁廷，而忠贤悬牙牌、衣锦襒，亦居然一内相也。

——（明）朱长祚:《玉镜新谭》卷一《进用》

祖宗朝不闻有内操之制，忠贤外胁臣民，内逼宫闱，简选精兵，训练大内。操刀劫刃，炮石雷击，金鼓震天，旌旗蔽日。中列大珰，蟒衣玉带，壮士百人，悬牙牌，衣绯襒，侍卫于前。

——（明）朱长祚:《玉镜新谭》卷五《内操》

忽设内操，日以跨马较猎于禁中。任选其上驷，如紫骝马、雪花骢、青飞龙之最者，被以百宝绣鞍、云锦障泥，嵌银笼，镂金凳，垂以朱缨，系之金铃，竹披耳峻，风入蹄轻，围以巨珰，衣蟒腰玉，拥以虎旅，缠帽佩剑，倏绕于前，或尾其后。忠贤自以云巾蓝襒、雕玉挺带、紫丝鸣鞭坐于马上试射。每射，必入彀，鼓乐震起，欢声涌沸。是以胆粗手滑，气豪志盈。

——（明）朱长祚:《玉镜新谭》卷五《走马》

南都在正、嘉间，医多名家……其人多笃实纯谨，有士君子之行。常服青布曳𫄨，系小皂绦顶圆帽，着白皮靴。

——（明）顾起元:《客座赘语》卷七

各坐营及钦总初见本院戎服，以后朔望日大帽、一撒入见，易常服再入。

附近新江口、观音门哨总，朔望日戎服见。呈递公文，与各哨总俱大帽、一撒。

中军官每日早大帽、一撒见。

本院出巡，在外各营守备、把总、江总戎服见。以后每日早大帽、一撒见，仍易常服作揖。

——（明）施沛:《南京都察院志》卷九《营规八则》

按《大政记》，永乐以后，宦官在帝左右，必蟒服，制如曳撒。绣蟒于左右，系以鸾带，此燕闲之服也。次则飞鱼，惟入侍用之。贵而用事者，赐蟒，文武一品官所不易得也。单蟒面皆斜向，坐蟒则面正向，尤贵。又有膝襕者，亦如曳撒，上有蟒补，当膝处横织细云蟒，盖南郊及山陵扈从，便于乘马也。或召对燕见，君臣皆不用袍，而用此；第蟒有五爪、四爪之分，襕有红、黄之别耳。

——（清）张廷玉:《明史》卷六七《舆服志三》

隆庆初，申饶各官所系带惟金银花素二色之及角带，余不许任意集办。时士大夫忽以曳撒为夸，争相制用。

——（清）查继佐:《罪惟录》卷四《冠服志》

凡遇老小中官穿倚撒、白靴，厂卫缉访之人，即与一册而告其故。

——（清）傅山:《霜红龛集》卷二九《因人私记》

五城兵马司已预督人清道，提督街道的锦衣官早差人打扫，令军士把守各胡同，摆开围子，连苍蝇也飞不过一个去。那两边摆着明盔亮甲的军士，擎着旗幡剑戟，后尽是些开道指挥，或大帽曳楼，或戎装披挂。轿前马上摆着些捧旗牌印剑蟒衣玉带的太监，轿边围绕的是忠勇营的头目。一路上把个魏忠贤围得总看不见。

——（清）佚名:《梼杌闲评》第四十六回
《陈玄朗幻化点奸雄　魏忠贤行边杀猎户》

十一、褶子衣

近世褶子衣，即直身，而下幅皆襞积细折如裙。

——（明）方以智:《通雅》卷三六《衣服》

大褶，前后或三十六、三十八不等，间有缀本等补。

顺褶，如贴里之制。而褶之上不穿细纹，俗为“马牙褶”，如外廷之璇褶也。间有缀本等补。世人所穿璇子，如女裙之制者，神庙亦间尚之，曰“衬褶袍”。想即古人下裳之义也。

——（明）刘若愚:《酌中志》卷一九《内臣服佩纪略》

（东厂胥役）有十二伙，以子丑寅卯等字定名，曰子字伙、丑字伙云。每伙二三十人，各役尖帽、青绢褷折。其制，上半直身式，下半周围细折，亦小绦穿白皮靴。

——（清）陈僖:《燕山草堂集》卷四

当成化时，士俗为低腰细褶之服，弘治以后乃更高腰窄袖。

——（明）罗虞臣:《罗司勋集》文集卷六《先公巩传》

谁家两奴骑两骢，谁是主人云姓宗。朝来暮去夹街树，经过烟雾如游龙。……梅花银钉革带肥，京城高帽细褶衣。马厌豢养人有威，出入顾盼生光辉。

——（明）徐渭:《徐文长文集》卷五《七言古诗·二马行》

《太康县志》曰:“国初时，衣衫褶前七后八。弘治间，上长下短，褶多。”

——（清）顾炎武:《日知录》卷二八《冠服》

十二、瓦楞帽

庚盈道:“你是他家人，来的两日又去，须与人笑话，我替你去看个消息。”戴了一顶瓦愣帽，穿了一领葱色绵绸道袍，着双宕口鞋，一路走将过来。

——（明）陆人龙:《型世言》第三十三回
《八两银杀二命　一声雷诛七凶》

王匠大喜，随即到了市上，买了一身衲帛衣服、粉底皂靴、绒袜、瓦楞帽子。

——（明）冯梦龙:《警世通言》卷二四《玉堂春落难逢夫》

至以马尾织为巾，又有瓦楞、单丝、双丝之异。

——（明）顾起元:《客座赘语》卷一《巾履》

大姐只下机来道个万福，小子就送一百个瓦楞帽儿。

则我这顶瓦楞帽儿，冬夏戴他，就值一千贯。

——（明）徐复祚:《投梭记》,（明）毛晋:《六十种曲》

一手向他头上把一顶新缨子瓦楞帽儿撮下来，望地上只一丢。

——（明）兰陵笑笑生:《金瓶梅》第八回

伯爵进厅上，只见书童正从西厢房书房内出来，头带瓦楞帽儿，撇着金头莲瓣簪子，身上穿着苏州绢直掇，玉色纱褷儿，凉鞋净袜。

——（明）兰陵笑笑生:《金瓶梅》第三十四回

只见一个年少的，戴着瓦楞帽儿，穿着青纱道袍，凉鞋净袜，从角门里走出来，手中拿着贴儿赏钱，递与小伴当，一直往后边去了。

他戴着新瓦楞帽儿，金簪子。身穿着青纱道袍，凉鞋净袜。

——（明）兰陵笑笑生:《金瓶梅》第九十七回

那时约五月，天气暑热。敬济穿着纱衣服，头戴着瓦楞帽，凉鞋净袜。

——（明）兰陵笑笑生:《金瓶梅》第九十八回

瓦楞鬃帽，在嘉靖初年，惟生员始戴。至二十年外，则富民用之，然亦仅见一二，价甚腾贵，皆尚罗帽纻丝帽。

——（明）范濂:《云间据目抄》卷二

其鬃帽又有瓦棱者，价甚高。初出时，有四五两一顶者，非贵豪人不用。

——（明）徐咸:《徐襄阳西园杂记》卷上

蒋成磕头谢了出去，暗中笑个不了。随往典铺买了几件时兴衣服，又结了一顶瓦楞帽子，到混堂洗一个澡。

——（清）李渔:《连城璧》第二回
《老星家戏改八字　穷皂隶陡发万金》

十三、质孙

校尉，只孙、束带、幞头、靴鞋。刻期，雕刻杂花象牙绦环外，余同庶民官。

——《明太祖实录》卷八一“洪武六年四月二十二日”条

其执事校尉，每人鹅帽、只孙衣、铜带靴、履鞋一副。

——《明宣宗实录》卷五“洪熙元年闰七月六日”条

己未，复书乐平王冲烋曰：“得奏，欲于有司暂拨夫匠协助修理房舍及请给只孙衣等件。”

——《明英宗实录》卷六五“正统五年三月十七日”条

至于东南杼轴已空，又重以只逊之加派。金吾冒滥已极，更加以非例之袭。

——《明熹宗实录》卷三六“天启三年七月二十三日”条

直驾校尉着团花红绿衣，戴饰金漆帽，名曰只孙鹅帽。只孙，衣名。今人有称执金吾帽者，亦似是而非也。

——（明）陆容：《菽园杂记》卷

顺天、苑、太三学，每科举岁考之年，则有秀才列名黉籍，送谒之时，儒巾蓝幞，披红骑马。自文儒贵姓之家，其仪无以相过。惟中人子姓，或乃秀才在前，而内官只逊蟒衣送之。

——（明）史玄:《旧京遗事》

印花夏布只逊每件银四分。

只逊染价共银六钱三分四厘。

——（明）何士晋:《工部厂库须知》卷三《营缮司》

团花曰“只逊”，因元之“质孙”也。政和七年正月，礼制局请墨车驾士，衣皂夏缦皂质绣五色团花。锦衣校尉自抬辇以至持扇、锽、幡、幢、鸣鞭者，衣皆红青玄，纺绢地，织成团花五彩，名曰“只逊”。

——（明）方以智:《通雅》卷三六《衣服》

节年未完，坐派急缺叚匹、织抄、绫纱、只逊等项。

——（明）周孔教:《周中丞疏稿·江南疏稿》
卷三《停缓增派疏》

近不知缘何，又派苏松造只逊二千副。

——（明）周起元:《周忠愍奏疏》卷下

在朝见下工部旨，造只逊八百副。皆不知只逊何物，后乃知为上直校鹅帽锦衣也。

——（明）蒋一葵:《长安客话》卷一《皇都杂记·只逊》

皇上登极，例有只孙、团花，亦应动支二十余万。

——（明）谈迁:《枣林杂俎》和集《吴之俊五议》

徐文贞公居家祀先，每戴大帽，衣大红曳撒。人不晓其故，盖直庐之服也。

——（明）李绍文:《云间杂识》卷七

其校尉皆衣济逊，其名仍元旧也。

——（清）孙承泽:《春明梦余录》卷六三《锦衣卫》

明校尉官衣，与教坊乐工同式，但花色小异耳。今犹沿明旧，即元时只孙衣也。

——（清）吴长元:《宸垣识略》卷七《内城》

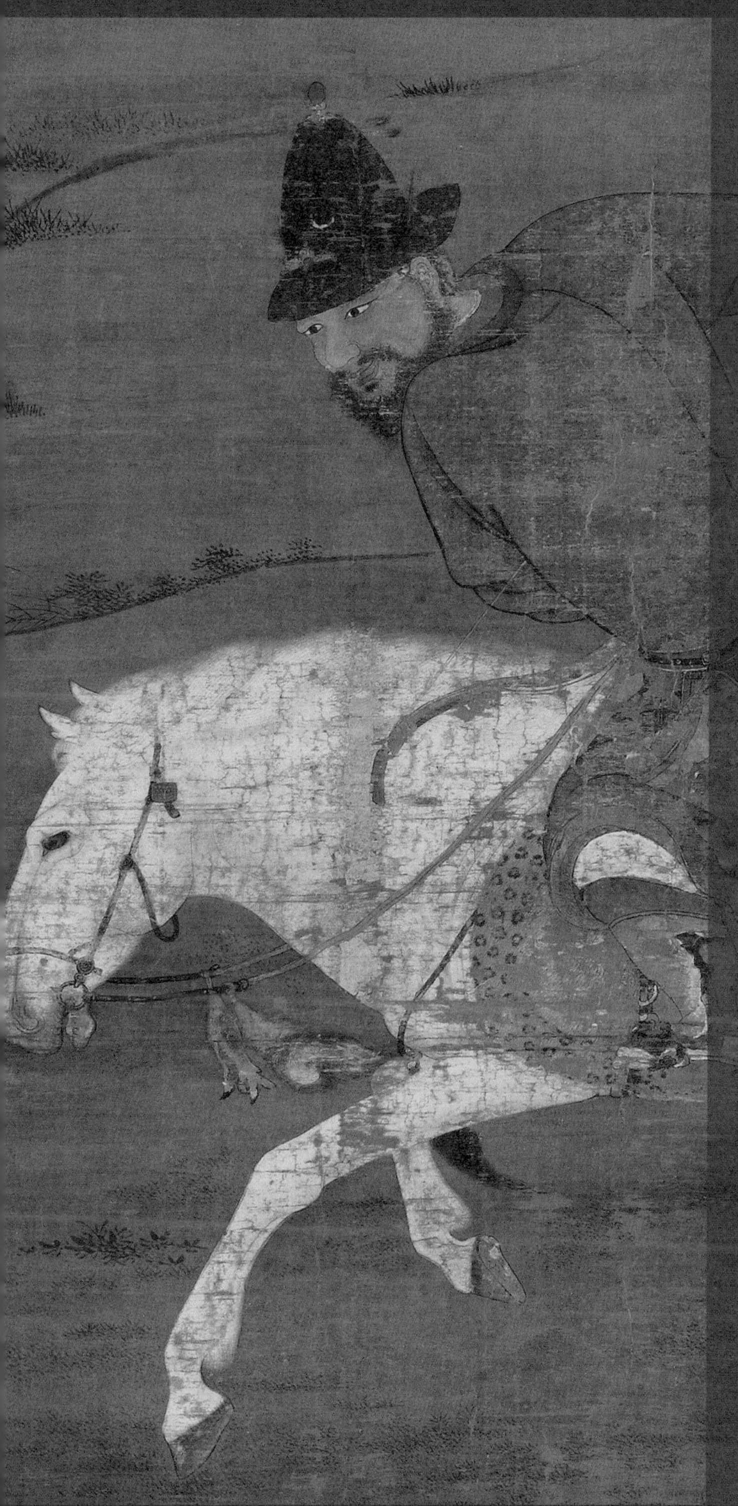

插图来源

图1　元代钹笠帽示意。图片采自陈茂同《中国历代衣冠服饰制》，百花文艺出版社，2005，第180页。

图2　头戴华丽宝石顶钹笠帽的元成宗像。此像为绢本纸本设色，据研究应是元人绘制的小型御容。图片采自党宝海、刘晓编著《中国古代历史图谱·元代卷》，湖南人民出版社，2016，第44页。现藏台北故宫博物院。

图3　头戴华丽宝石顶钹笠帽的元文宗像。图片采自党宝海、刘晓编著《中国古代历史图谱·元代卷》，第51页。现藏台北故宫博物院。

图4　甘肃漳县元代汪世显家族墓出土宝石顶钹笠帽（侧面）。图片采自甘肃省博物馆编《汪世显家族墓出土文物研究》，甘肃人民美术出版社，2017，第241页。

图5　甘肃漳县元代汪世显家族墓出土宝石顶钹笠帽（正面）。图片采自《汪世显家族墓出土文物研究》，第241页。

图 6　中国丝绸博物馆藏钹笠帽实物。图片采自李敏《“锦上头衣”——丝绸之路上的胡风帽饰》，https://mp.weixin.qq.com/s/3Z4—4BYHIWEjtTd4jSJnRg。

图 7　中国丝绸博物馆藏钹笠帽帽胎。图片采自李莉莎《蒙古族服饰文化史考》，中国纺织出版社，2022，第 172 页。感谢李莉莎老师提供高清原图。

图 8　山西洪洞县广胜寺水神庙（明应王殿）元代戏曲壁画《大行散乐忠都秀在此作场》（局部）。图片采自金维诺主编《山西洪洞广胜寺水神庙壁画》，河北美术出版社，2001，第 11 页。

图 9 《大行散乐忠都秀在此作场》复原画（局部）。图片采自沈从文《中国古代服饰研究》（增订本），第 434 页。

图 10 《事林广记 · 双陆图》中头戴钹笠帽、手捧方笠的元代侍从。图片采自沈从文《中国古代服饰研究》（增订本），第 444 页。图片为对《事林广记》原版画的重绘。

图 11　陕西宝鸡元墓男俑摹本（局部）。图片采自高春明《中国服饰名物考》，上海文化出版社，2001，第 329 页。原俑形象来自刘宝爱、张德文《陕西宝鸡元墓》，《文物》1992 年第 2 期，第 29 页。

图 12　西安元代刘黑马家族墓出土戴钹笠帽元俑。图片采自陕西省考古研究院编著《元代刘黑马家族墓考古发掘报告》，文物出版社，2018，彩版一五。

图 13　西安出土元代戴钹笠帽男俑。图片采自陕西省考古研究院编《蒙元世相：陕西出土蒙元陶俑集成》，人民美术出版社，

2018，第163页。感谢杨洁老师提供原照片。

图14　山东济南元墓壁画中戴钹笠帽的主仆二人。图片采自董新林、张鹏主编《中国墓室壁画全集·宋辽金元》，河北教育出版社，2011，第130页。

图15　《事林广记·习跪图》中戴钹笠帽的二人。图片采自陈元靓《新编纂图增新类聚群书事林广记》卷一一《仪礼类》，元至顺年间西园精舍刊本，日本内阁文库藏，编号：汉2995，叶8b。

图16　《摹赵孟頫像》。图片采自清代画家禹之鼎图绘，http://www.sohu.com/a/206389019_611303。

图17　头戴后檐暖帽的元太祖成吉思汗像。图片采自党宝海、刘晓编著《中国古代历史图谱·元代卷》，第19页。现藏台北故宫博物院。

图18　头戴后檐暖帽的元世祖忽必烈像。图片采自党宝海、刘晓编著《中国古代历史图谱·元代卷》，第32页。现藏台北故宫博物院。

图19　内蒙古赤峰元宝山元墓壁画中戴后檐暖帽的主仆二人。图片采自项春松《内蒙古赤峰市元宝山元代壁画墓》，《文物》1983年第4期，彩插。

图20　陕西蒲城洞耳村元墓壁画中戴后檐暖帽的人物形象。图片采自陕西省考古研究院编著《壁上丹青：陕西出土壁画集》，科学出版社，2009，第401页；徐光冀主编《中国出土壁画全集》第7册《陕西下》，科学出版社，2012，第464页。

图 21　陕西出土的戴后檐暖帽的蒙元陶俑。图片采自《蒙元世相：陕西出土蒙元陶俑集成》，第 81 页。感谢杨洁老师提供高清原图。

图 22　蒙古国苏赫巴托尔省达里干嘎蒙元石雕人像。图片采自魏坚《蒙古高原石雕人像源流初探——兼论羊群庙石雕人像的性质与归属》,《文物》2011 年第 8 期，第 58 页。

图 23　山西右玉宝宁寺明代水陆画中戴后檐暖帽的人物形象。图片采自山西省博物馆编《宝宁寺明代水陆画》，文物出版社，1985，第 163 页。

图 24　柏林国家图书馆藏《史集》插图中戴后檐帽的众多人物形象。图片采自 https://digital.staatsbibliothekberlin.de/werkansicht?PPN=PPN635104741&PHYSID=PHYS_0123&DMDID=DMDLOG_0125&view=overview-toc。

图 25　汪世显墓出土前圆后方帽。图片采自甘肃省博物馆网站，定名为“前加檐笠帽”，http://www.gansumuseum.com/dc/viewall-441.html。

图 26　汪世显墓出土前圆后方帽示意。图为笔者太太张燕楠仿照张秋平、袁晓黎主编《中国设计全集》第 6 卷《服饰类编·冠履篇》(商务印书馆，2012)第 55 页重绘。

图 27 《元世祖出猎图》中戴褐色红缨前圆后方帽的人物形象。图片采自台北故宫博物院网站，网址：https://theme.npm.edu.tw/opendata/DigitImageSets.aspx?sNo=04013742&Key=%E5%85%83%E4%B8%96%E7%A5%96^20^11&pageNo=1。

图 28 《元世祖出猎图》中戴蓝色红缨前圆后方帽的人物形象。图片采自台北故宫博物院网站，网址：https://theme.npm.edu.tw/opendata/DigitImageSets.aspx?sNo=04013742&Key=%E5%85%83%E4%B8%96%E7%A5%96^20^11&pageNo=1。

图 29 方笠示意。图片采自陈茂同《中国历代衣冠服饰制》，第 180 页。

图 30 蒙古国布尔干省巴彦诺尔突厥墓壁画中戴方形帽的人物形象。图片采自阿·敖其尔、勒·额尔敦宝力道《蒙古国布尔干省巴彦诺尔突厥壁画墓的发掘》，萨仁毕力格译，《草原文物》2014 年第 1 期。

图 31 内蒙古库伦旗辽墓壁画中手持方笠的契丹墓主形象。图片采自罗春政《辽代绘画与壁画》，辽宁画报出版社，2002，第 74 页。

图 32 手持方笠的契丹墓主形象摹本。图片采自孙建华编著《内蒙古辽代壁画》，文物出版社，2009，第 282 页。

图 33 丝织藤骨方笠传世实物。图片采自李莉莎《蒙古族服饰文化史考》，第 183 页。

图 34 陕西蒲城洞耳村元墓壁画中三个戴方笠的人物形象。图片采自徐光冀主编《中国出土壁画全集》第 7 册，科学出版社，2012，第 464 页。

图 35 陕西蒲城洞耳村元墓壁画中戴方笠的人物形象。图片采自徐光冀主编《中国出土壁画全集》第 7 册，第 462 页。

图 36　山西兴县红峪村元墓壁画中戴方笠的墓主形象。图片采自董新林、张鹏主编《中国墓室壁画全集·宋辽金元》，第123 页。

图 37　福建省将乐县元墓壁画中戴方笠的人物形象。图片采自徐光冀主编《中国出土壁画全集》第 10 册，第 91、92 页。

图 38 《事林广记·宴饮图》中戴方笠的多人形象。图片采自沈从文《中国古代服饰研究》（增订本）中的重绘图，第 447 页。原图在《事林广记》前集卷一一，中华书局，影印元至顺间建安椿庄书院刻本，1963。

图 39　西安元代刘黑马家族墓出土戴方笠的男俑。图片采自《元代刘黑马家族墓考古发掘报告》，彩版一七。

图 40 《史集》插图中戴方笠的伊利汗。图片采自 https://digital.staatsbibliothek-berlin.de/werkansicht?PPN=PPN635104741&PHYSID=PHYS_0131&DMDID=DMDLOG_0133&view=overview-tiles。

图 41 《拂郎国献马图卷》（明摹本）中戴方笠的元顺帝。图片采自故宫博物院编《故宫博物院藏品大系·绘画编》第 5 册，紫禁城出版社，2010，第 228 页。

图 42 《事林广记·习跪图》中戴方笠与钹笠帽的二人形象。图片采自《事林广记》前集卷一一《仪礼类》，叶 8b。

图 43　辽墓壁画中的契丹发式（摹本）。图片采自孙建华编著《内蒙古辽代壁画》，第 115、264 页。

图 44　五代胡瓌《出猎图》(局部)中的契丹发式。图片采自《大观——北宋书画特展》，台北故宫博物院，2010，第 264 页。

图 45　《事林广记·双陆图》中留蒙古发式的众人。图片采自沈从文《中国古代服饰研究》(增订本)，第 444 页，此为重绘图。原图见《事林广记》续集卷六《文艺类》，叶 6。

图 46　元墓壁画中的蒙古发式“婆焦头”。图片采自徐光冀主编《中国出土壁画全集》第 7 册，第 464 页；徐光冀主编《中国出土壁画全集》第 10 册，第 92 页。

图 47　敦煌石窟元代壁画中留蒙古发式的人物形象。图片采自《中国敦煌壁画全集》第 10 册，天津人民美术出版社，1996，第 142 页。

图 48　《史集》插图中垂有结环发辫的蒙古人物形象。图片采自 https://digital.staatsbibliothek-berlin.de/werkansicht?PPN=PPN635104741&PHYSID=PHYS_0131&DMDID=DMDLOG_0133&view=overview-tiles。

图 49　蒙元辫线袄示意。图片系张燕楠绘制。

图 50　元朝宫廷宿卫所穿辫线袄线稿示意。图片为笔者重绘，原图参考上海市戏曲学校中国服装史研究组编著《中国历代服饰》，学林出版社，1984，第 216 页。

图 51　元朝宫廷宿卫所穿着色辫线袄示意。图片为笔者重绘，原图参考《中国历代服饰》，第 216 页。

图 52　内蒙古出土元代纳石失辫线袄实物照片一。图片采自

高延青主编《内蒙古珍宝》第6卷《杂项》，内蒙古大学出版社，2007，第157页。

图53　内蒙古出土元代纳石失辫线袄实物照片二。图片采自《中国织绣服饰全集》第4卷《历代服饰卷 》(下)，天津人民美术出版社，2004，第113页。

图54　下摆有细褶的元代滴珠奔鹿纹纳石失辫线袄实物。图片采自贾玺增《中外服装史》，东华大学出版社，2016，第180页。

图55　元代辫线袄腰线部绢带展开和打结细节。图片采自李莉莎《蒙古族服饰文化史考》，第247页。

图56　腰部有纽扣的辫线袄。图片采自贾玺增《中外服装史》，第180页。

图57　元代辫线袄腰线部纽扣与缝织细节。图片采自贾玺增《中外服装史》，第180页。

图58　中国丝绸博物馆所藏元代肩挑日月辫线袄实物。图片采自李莉莎《蒙古族服饰文化史考》，第222页；Eiren L. Shea, *Mongol Court Dress, Identity Formation, and Global Exchange*, Routledge，2020，封面。

图59《元世祖出猎图》中身穿红色纳石失辫线龙袍的忽必烈。图片采自台北故宫博物院网站，网址：https://theme.npm.edu.tw/opendata/DigitImageSets.aspx?sNo=04013742&Key=%E5%85%83%E4%B8%96%E7%A5%96^20^11&pageNo=1。

图60　蒙元缠身辫线龙袍示意。图片采自赵丰《蒙元龙袍的

类型及地位》，《文物》2006 年第 8 期，第 87 页。

图 61　陕西蒲城洞耳村元墓壁画中穿辫线袄的墓主形象。图片采自徐光冀主编《中国出土壁画全集》第 7 册，第 458 页。

图 62　陕西蒲城洞耳村元墓壁画中穿辫线袄的两个人物形象。图片采自徐光冀主编《中国出土壁画全集》第 7 册，第 464 页。

图 63　济南元墓壁画中的《男仆启门图》（局部）。图片采自董新林、张鹏主编《中国墓室壁画全集 · 宋辽金元》，第 132 页。

图 64　陕西出土身着辫线袄的元代骑马俑（正面）。图片采自《蒙元世相：陕西出土蒙元陶俑集成》，第 24 页。感谢杨洁老师提供高清照片。

图 65　陕西出土身着辫线袄的元代骑马俑（背面）。图片采自《蒙元世相：陕西出土蒙元陶俑集成》，第 24 页。感谢杨洁老师提供高清照片。

图 66　赵雍《人马图》中身着辫线袄的牵马者。图片采自中国古代书画鉴定组编《中国绘画全集》第 8 册（元代 2），浙江人民美术出版社、文物出版社，1999，第 12 页。

图 67　《射雁图》中四位身穿辫线袄的蒙古猎手形象。图片采自石守谦、葛婉章主编《大汗的世纪：蒙元时代的多元文化与艺术》，台北故宫博物院，2001，第 37 页。

图 68　建安椿庄书院本《事林广记 · 步射总法》中身穿辫线袄、头戴方笠的元代武人形象。图片采自陈元靓《新编纂图增类群书类要事林广记》后集卷一三《武艺类》，叶 3。

图 69　西园精舍本《事林广记·步射总法》中身穿辫线袄、头戴卷檐帽的元代武人形象。图片采自陈元靓《新编纂图增新类聚群书事林广记》后集卷一三《武艺类》，元至顺年间西园精舍刊本，叶 3a。

图 70 《大观本草·海盐图》中身穿辫线袄的人物形象。图片采自王伯敏主编《中国美术全集》第 21 卷《绘画编·版画》，上海人民美术出版社，1988，第 25 页。

图 71 《元代畏兀儿蒙速速家族供养图》（局部）中身穿辫线袄的众多人物形象。现藏于德国柏林印度艺术博物馆，编号：MIK III 4633a。

图 72　元代回鹘语佛经版画《佛本生故事变相》残片中身穿辫线袄、头戴方笠的众多人物形象。图片采自〔德〕茨默《回鹘板刻佛本生故事变相》，桂林、杨富学译，《敦煌学辑刊》2000 年第 1 期，第 143 页。感谢付马博士提供高清图片。

图 73 《全相秦并六国平话》插图中身穿辫线袄的“匈奴人”形象。图片采自《全相秦并六国平话》，元至治年间建安虞氏书坊刻本，日本内阁文库藏，编号：汉 17843，叶 17。

图 74　元代半臂示意。图为张燕楠仿照廖军、许星主编《中国设计全集》第 5 卷《服饰类编·衣裳篇》（商务印书馆，2012，第 137 页）中的小示意图绘制的清晰大图。

图 75 《元大威德金刚曼荼罗》中织造的元明宗与元文宗御容。图片采自林梅村《大朝春秋：蒙元考古与艺术》，故宫出版社，2013，第 307 页。

图 76　元末程观保坐像（局部）。图片采自安徽博物院编《安徽文明史陈列》，文物出版社，2012，第 347 页。

图 77　元代《相马图卷》中身着半臂答忽的元人形象。图片采自《吉林省博物馆》，文物出版社，1992，第 101 页。

图 78　山东章丘元代墓壁画中身穿半臂答忽的墓主形象。图片采自济南市考古研究院、济南市章丘区博物馆《山东章丘清源大街元代壁画墓》，《中国国家博物馆馆刊》2022 年第 6 期，第 39 页。

图 79　河南南阳元墓壁画中身穿半臂答忽的墓主形象。图片采自南阳市文物考古研究所《南阳桐柏卢寨元代壁画墓发掘简报》，《中原文物》2022 年第 1 期，彩插。

图 80　巴黎本《史集》插图中身着半臂长袍的众多蒙古人形象。图片采自 http://gallica.bnf.fr/ark:/12148/btv1b8427170s/f264.item。

图 81　金代绘画《文姬归汉图》中身披云肩的蔡文姬形象。图片采自《吉林省博物馆》，第 91 页。

图 82　元代云肩袍服。李莉莎老师供图。

图 83　明鲁荒王朱檀墓出土的云肩襕袖龙袍。李莉莎老师供图。

图 84　罟罟冠示意。图为张燕楠仿照张秋平、袁晓黎主编《中国设计全集》第 6 卷《服饰类编 · 冠履篇》第 51 页重绘清晰大图。

图 85　戴罟罟冠的元武宗两位皇后。图片采自石守谦、葛婉章主编《大汗的世纪：蒙元时代的多元文化与艺术》，第 24 页。

图 86　卷檐帽示意。图为张燕楠绘制。

图 87　成都西郊元墓出土戴卷檐帽的男俑。图片采自匡远滢《四川成都西郊元墓的清理》，《考古通讯》1958 年第 3 期，图版捌：5。

图 88 《明宣宗行乐图》中戴卷檐帽的明宣宗 1。图片采自单国强主编《院体浙派绘画》，上海科学技术出版社、商务印书馆（香港），2007，第 95 页。现藏故宫博物院。

图 89 《明宣宗行乐图》中戴卷檐帽的明宣宗 2。图片采自单国强主编《院体浙派绘画》，第 87 页。现藏故宫博物院。

图 90　明人绘《射猎图轴》中戴卷檐帽的骑马人物形象。故宫博物院书画部马顺平老师供图。

图 91 《荆钗记》中戴卷檐帽的皂隶形象。图片采自佚名《屠赤水先生批评荆钗记》，《古本戏曲丛刊初集》第 2 函第 5 册，影印明末刊本，第 6 页。

图 92 《三祝记》中戴卷檐帽的皂隶形象。图片采自汪廷讷《三祝记》卷下第 20 出《拜相》，《古本戏曲丛刊二集》第 2 函第 7 册，影印明环翠堂乐府本，第 23 页。

图 93 《珍珠记》中戴卷檐帽的皂隶形象。图片采自佚名《新刻全像高文举珍珠记》卷下第 30 出，《古本戏曲丛刊二集》第 1 函第 2 册，影印明文林阁刊本，第 26 页。

图 94　明蜀昭王墓出土的戴缀缨卷檐帽的男侍俑。图片采自薛登《成都蜀王陵（下）——昭王陵的发掘及蜀府陵墓寝园规制考释》,《成都文物》1999 年第 4 期，第 40 页。

图 95　明秦简王墓出土戴卷檐帽的仪仗俑。图片采自韩诣深《明秦简王墓仪仗俑与明代亲王仪仗制度》,《考古与文物》2020 年第 5 期。

图 96　明人绘《射猎图轴》中戴前后檐分开的卷檐帽的骑马人物形象。故宫博物院书画部马顺平老师供图。

图 97 《元世祖出猎图》中戴前后檐分开的卷檐帽的人物形象。采自台北故宫博物院网站，网址：https://theme.npm.edu.tw/opendata/DigitImageSets.aspx?sNo=04013742&Key=%E5%85%83%E4%B8%96%E7%A5%96^20^11&pageNo=1。

图 98　明人绘《射猎图轴》中戴钹笠帽的明朝皇帝形象。故宫博物院书画部马顺平老师供图。

图 99 《于少保萃忠传》中戴钹笠帽的胥吏形象。图片采自孙高亮《于少保萃忠传》，古本小说集成编委会编《古本小说集成》，上海古籍出版社，影印明天启刻本，1994，第 40 页。

图 100 《蓝桥玉杵记》中戴钹笠帽的胥吏形象。图片采自云水道人《新镌全像蓝桥玉杵记》,《古本戏曲丛刊初集》第 11 函第 4 册，影印明万历浣月轩刊本，卷上，第 5 页。

图 101　继志斋本《重校琵琶记》插图中戴钹笠帽的家仆形象。图片采自高明《重校琵琶记》第 13 出《官媒议姻》，黄仕忠、〔日〕金文京、〔日〕乔秀岩编《日本所藏稀见中国戏曲文献丛刊》

第1辑第14册，广西师范大学出版社，影印明万历二十六年陈氏继志斋刊本，2006，第101、105页。

图102 《破窑记》插图中戴钹笠帽的家仆形象。图片采自佚名《刻李九我先生批评破窑记》上卷第3出《计议招婿》，《古本戏曲丛刊初集》第3函第2册，影印明长乐郑氏藏书林陈含初绣梓本，第7页。

图103 集义堂本《琵琶记》插图中戴钹笠帽的家仆形象。图片采自高明《重校琵琶记》卷下，万历金陵集义堂刊本，第42页。

图104 《投笔记》中戴钹笠帽的驿使形象。图片采自邱濬《新刻魏仲雪先生批评投笔记》，《古本戏曲丛刊初集》第5函第1册，影印南京图书馆藏明存诚堂刊本，第3页。

图105 《梅雪争奇》中戴钹笠帽的驿使形象。图片采自邓志谟《梅雪争奇》卷下《一枝寄赠》，明天启间建阳萃庆堂刊本，第2页。

图106 成都凤凰山明墓出土戴钹笠帽的男俑。图片采自成都明墓发掘队《成都凤凰山明墓》，《考古》1978年第5期。

图107 洪武刻本《对相四言》中戴钹笠帽的人物形象。图片采自《魁本对相四言杂字》，明洪武辛亥孟秋吉日金陵王氏勤有书堂新刊，复刻本，东京学艺大学图书馆望月文库藏，叶9a。

图108 《三才图会》中的直檐大帽示意。图片采自王圻、王思义《三才图会·衣服一》，上海古籍出版社，影印明万历三十七年王思义校正本，1988，第1502页。图为张燕楠仿照《三才图会》中示意图绘制的更清晰大图。

图 109 《剿闯小说》中戴直檐大帽的官员形象。图片采自西吴懒道人《绣像剿闯小说》第 5 回《迫金钱贼将施威　求富贵降臣劝进》，刘世德、陈庆浩、石昌渝主编《古本小说丛刊》第 38 辑第 5 册，中华书局，影印南明弘光兴文馆刊本，1987，第 2097 页。

图 110 《隋史遗文》中戴直檐大帽的官员形象。图片采自袁于令《剑啸阁批评秘本出像隋史遗文》第 20 回《收礼官英雄识气色　打球场公子逞豪华》，《古本小说丛刊》第 9 辑第 2 册，影印明崇祯六年名山聚刊本，第 558 页。

图 111 《王琼事迹图 · 经略三关》中戴直檐大帽的宦官形象。图片采自中国国家博物馆编《中国国家博物馆馆藏文物研究丛书 · 绘画卷（历史画）》，上海古籍出版社，2006，第 21 页上。

图 112 《二刻拍案惊奇》与《三报恩》插图中戴直檐大帽的胥吏形象。图片采自凌濛初《二刻拍案惊奇》卷一五《韩侍郎婢作夫人　顾提控掾居郎署》，《古本小说丛刊》第 14 辑第 1 册，影印明崇祯五年尚友堂刻本，第 56 页；毕魏《滑稽馆新编三报恩传奇》，《古本戏曲丛刊二集》第 12 函第 8 册，影印明崇祯刊本，第 3 页。

图 113　宝宁寺水陆画中戴直檐大帽的人物形象 1。图片采自《宝宁寺明代水陆画》，第 163 页。

图 114　宝宁寺水陆画中戴直檐大帽的人物形象 2。图片采自《宝宁寺明代水陆画》，第 163 页。

图 115　瓜皮小帽示意。图为张燕楠绘制。

图 116　洛阳元墓壁画中头戴瓜皮帽的仆役形象。图片采自洛阳市第二文物工作队《洛阳伊川元墓发掘简报》,《文物》1993 年第 5 期，图版伍：2。

图 117　成都凤凰山明墓中出土的戴瓜皮帽男俑。图片采自中国社会科学院考古研究所、四川省博物馆《成都凤凰山明墓》,《考古》1978 年第 5 期，图版九：4。

图 118　太原风峪口明墓中出土的戴瓜皮帽男俑。图片采自代尊德、冯应梦《太原风峪口明墓清理》,《考古》1965 年第 9 期，图版十：3。

图 119《义烈记》插图中戴瓜皮帽的两个仆役。图片采自汪廷讷《义烈记》下卷第 27 出《赂解》,《古本戏曲丛刊二集》第 2 函第 10 册，影印明环翠堂乐府本，第 27 页。

图 120《双杯记》插图中戴瓜皮帽的人物形象。图片采自佚名《八义双杯记》卷上第 2 出《鬻谋生机》,《古本戏曲丛刊二集》第 2 函第 6 册，影印明金陵唐振吾广庆堂刊本，第 3 页。

图 121《瑞世良英》插图中戴瓜皮帽的仆役形象。图片采自金钟、车应魁《瑞世良英》卷一“屠任”条,《中国古代版画丛刊二编》第 9 辑，上海古籍出版社，影印明崇祯十一年车应魁刻本，1994，第 99 页。

图 122　宝宁寺水陆画中戴瓜皮帽的人物形象。图片采自《宝宁寺明代水陆画》，第 163 页。

图 123　洪武刻本《对相四言》中的“幔笠”与戴方笠人物形象。图片采自《魁本对相四言杂字》，叶 7a、15a。

图 124　宝宁寺水陆画中戴方笠的人物形象。图片采自《宝宁寺明代水陆画》，第 156 页。

图 125　毗卢寺壁画中戴方笠的众人形象。图片采自康殿峰《毗庐寺壁画》，河北美术出版社，1998，第 269 页。

图 126 《大明集礼》中的辫线袄示意。图片采自徐一夔、梁寅等《大明集礼》卷四〇《冠服图》，《中华再造善本》，影印明嘉靖九年内府刻本，叶 50a。

图 127　山东鲁荒王墓出土辫线袍。图片采自山东博物馆、山东省文物考古研究所编《鲁荒王墓》，文物出版社，2014，图版 24。感谢郑岩老师与山东博物馆提供高清照片。

图 128　山东鲁荒王墓出土辫线袍的黑白旧照。图片采自山东省博物馆《发掘明朱檀墓纪实》，《文物》1972 年第 5 期，第 35 页。

图 129　宝宁寺水陆画中身着辫线袄的人物形象。图片采自《宝宁寺明代水陆画》，第 163 页。

图 130 《剪灯余话》插图中身穿辫线袄的人物形象。图片采自杨美莉《中华五千年文物集刊 · 版画篇一》，台北，中华五千年文物集刊编辑委员会，1993，第 103 页。

图 131　明弘治刻本《事林广记 · 步射总法》图中身着辫线袄的武人形象。图片采自陈元靓《增新类聚事林广记》新集《武艺类》，明弘治五年詹氏进德精舍刊本，叶 3a。

图 132 《春猎图》中身穿辫线袄的骑射人物形象。感谢保利国际拍卖公司的徐向龙老师供图。

图 133　明代曳撒示意。图为张燕楠仿照《中国衣冠服饰大辞典》第 205 页示意图绘制的清晰大图。

图 134 《明宪宗调禽图》中的曳撒。图片采自《中国国家博物馆馆藏文物研究丛书·绘画卷（历史画）》，第 15 页。

图 135 《明宣宗行乐图卷》中的曳撒。图片采自故宫博物院编《明代宫廷书画珍赏》，紫禁城出版社，2009，第 131 页。

图 136 《明宣宗斗鹌鹑图轴》中的曳撒。图片采自《明代宫廷书画珍赏》，第 137 页。

图 137 《明宪宗行乐图卷》中的曳撒。图片采自中国国家博物馆编《中国国家博物馆馆藏文物研究丛书·绘画卷（风俗画）》，上海古籍出版社，2007，第 48 页。

图 138　北京南苑苇子坑明代墓出土的曳撒。图片采自北京市文物工作队《北京南苑苇子坑明代墓葬清理简报》，《文物》1964 年第 11 期，图版六。

图 139 《荔镜记》插图中身穿曳撒的衙役形象。图片采自佚名《重刊五色潮泉插科增入诗词北曲勾栏荔镜记戏文》，明嘉靖四十五年福建余新安刊本，周芜、周路、周亮编著《日本藏中国古版画珍品》，江苏美术出版社，1999，第 56 页。

图 140　明代褶子衣示意。图为张燕楠仿照《中国衣冠服饰大辞典》第 204 页示意图绘制的清晰大图。

图 141　明过肩通袖褶子龙袍。图片采自陈娟娟《明代的丝绸艺术》，《故宫博物院院刊》1992 年第 2 期，第 67 页。

图 142　孔府旧藏褶子飞鱼服整体与褶子细部。图片采自孙宇翔、陈雪飞编著《你不知道的锦衣卫》，知识产权出版社，2018，第 79 页。

图 143　故宫博物院藏《明宣宗射猎图》中着比甲的明宣宗形象。图片采自《明代宫廷书画珍赏》，第 135 页。

图 144　台北故宫博物院藏《明宣宗射猎图》中着比甲的明宣宗和后妃形象。图片采自 https://wx1.sinaimg.cn/large/006V3wpigy1fq1l1c3p5uj32dm1r0u11.jpg。

图 145　《明宣宗行乐图》中着比甲的明宣宗形象。图片采自《明代宫廷书画珍赏》，第 144 页。

图 146　宝宁寺水陆画中身着半臂比甲的人物形象。图片采自《宝宁寺明代水陆画》，第 163 页。

图 147　清代官员所戴暖帽实物。图片采自陈夏生《中华五千年文物集刊·服饰篇》，第 384 页。

图 148　清代官员所戴凉帽实物。图片采自南京博物院展出藏品。

图 149　山西博物院藏戴覆钵式笠帽的元代骑马俑。图片由李莉莎教授拍摄与提供。

图 150　《丕翁先生巡视台阳图》局部。图片采自佚名《丕翁先生巡视台阳图》，国家博物馆藏。

图 151　清代皇帝的朝袍。图片采自李英华《清代冠服制度的特点》，《故宫博物院院刊》1990 年第 1 期，第 63 页。

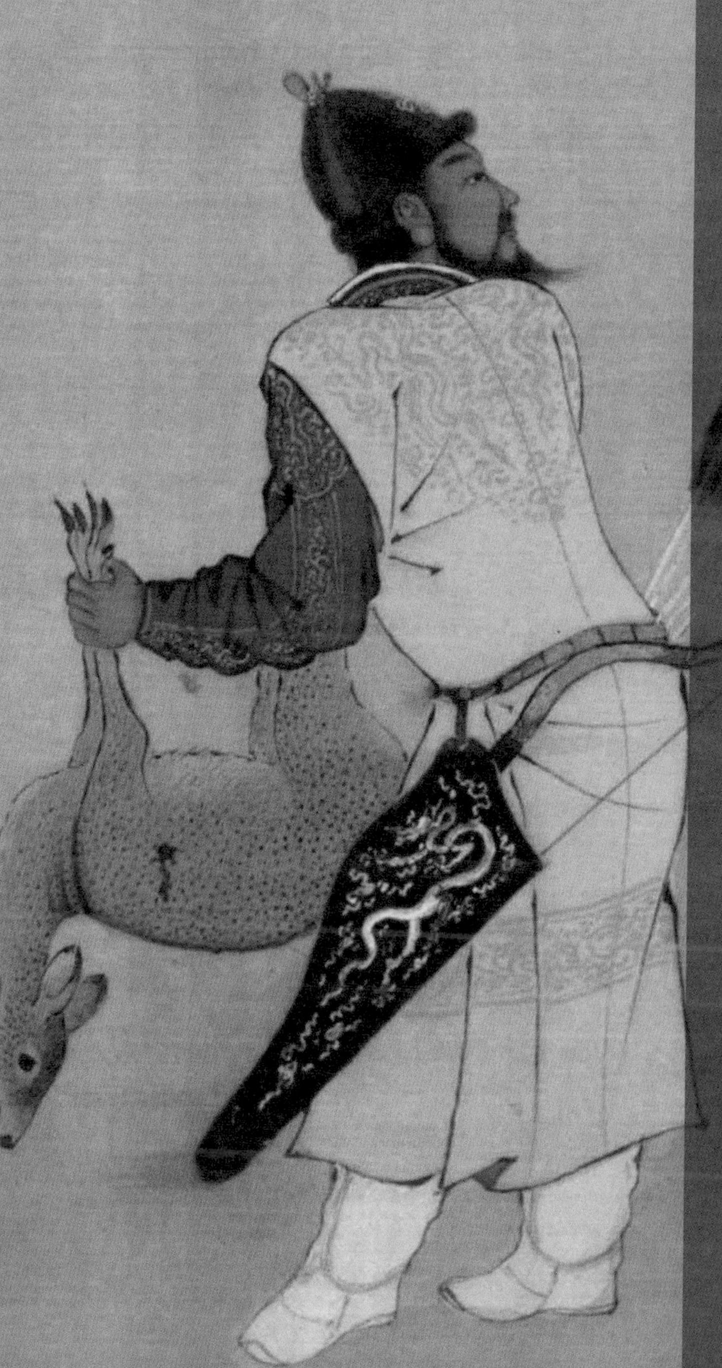

参考文献

（一）古籍

《八义双杯记》，《古本戏曲丛刊二集》，影印上海市历史文献图书馆藏金陵唐振吾广庆堂刊本。

毕魏：《滑稽馆新编三报恩传奇》，《古本戏曲丛刊二集》，影印明崇祯刊本。

陈登原：《国史旧闻》，中华书局，2000。

陈绛：《金罍子》，《四库全书存目丛书》子部第85册，影印湖北省图书馆藏明万历三十四年陈昱刻本。

陈士元：《诸史夷语解义》，清光绪三年应城王承禧刻本。

陈元靓：《事林广记》，中华书局，影印元至顺间建安椿庄书院刻本，1999。

陈元靓：《新编纂图增新类聚群书事林广记》，元至顺年间西园精舍刊本，日本内阁文库藏，编号：汉2995。

陈元龙:《格致镜原》，江苏广陵古籍刻印社，影印清雍正自刻本，1989。

邓志谟:《梅雪争奇》，明天启间建阳萃庆堂刊本。

翟灏:《通俗编》，颜春峰点校，中华书局，2013。

范濂:《云间据目抄》，江苏广陵古籍刻印社，1995。

方汝浩:《禅真逸史》，思陶、贺伟、海卿校点，齐鲁书社，1998。

《方孝孺集》，徐光大校点，浙江古籍出版社，2013。

方以智:《通雅》，中国书店，影印清康熙姚文燮浮山此藏轩刻本，1990。

冯梦龙:《警世通言》，严敦易校注，人民文学出版社，1995。

冯梦龙:《醒世恒言》，古本小说集成编委会编《古本小说集成》第 4 辑第 11 册，上海古籍出版社，影印明天启叶敬池刊本，1994。

冯梦龙:《醒世恒言》，顾学颉校注，人民文学出版社，1995。

冯惟敏:《海浮山堂词稿》，凌景埏、谢伯阳点校，上海古籍出版社，2018。

高承:《事物纪原》，金圆、许沛藻点校，中华书局，1989。

高出:《镜山庵集》,《四库禁毁丛刊》集部第30册，北京出版社，影印北京大学图书馆藏明天启高若骈等刻本，1997。

高明:《重校琵琶记》，黄仕忠、〔日〕金文京、〔日〕乔秀岩编《日本所藏稀见中国戏曲文献丛刊》第1辑第14册，广西师范大学出版社，影印明万历二十六年陈氏继志斋刊本，2006。

顾起元:《客座赘语》，中华书局，1987。

顾炎武撰，黄汝成集释《日知录集释》，栾保群、吕宗力校点，上海古籍出版社，2006。

关汉卿撰，王学奇、吴振清、王静竹校注《关汉卿全集校注》，河北教育出版社，1988。

关汉卿撰，蓝立蓂校注《汇校详注关汉卿集》，中华书局，2006。

郝经:《郝文忠公陵川文集》，秦雪清点校，山西人民出版社，2006。

郝经撰，张进德、田同旭编年校笺《郝经集编年校笺》，人民文学出版社，2018。

何良俊:《四友斋丛说》，中华书局，1997。

何乔远:《名山藏》，张德信、商传、王熹点校，福建人民出版社，2010。

贺长龄、魏源:《清经世文编》，中华书局，影印清光绪十二年思补楼重校本，1992。

胡缵宗:《愿学编》,《四库全书存目丛书》子部第7册，影印北京图书馆分馆藏明嘉靖间鸟鼠山房刻清修补本。

《黄湣集》，王頲点校，浙江古籍出版社，2013。

火原洁:《华夷译语》,《北京图书馆古籍珍本丛刊》第6册，影印明抄本。

蒋一葵:《长安客话》，北京古籍出版社，1982。

焦竑:《献征录》，上海书店出版社，影印明万历四十四年徐象曼山馆刻本，1986。

金钟、车应魁:《瑞世良英》，明崇祯十一年车应魁刻本。

靳学颜:《靳两城先生集》,《四库全书存目丛书》集部第102册，影印首都图书馆藏万历十七年刻本。

《刻李九我先生批评破窑记》,《古本戏曲丛刊初集》第3函第2册，影印明长乐郑氏藏书林陈含初绣梓本。

孔齐:《至正直记》，中华书局，1985。

《魁本对相四言杂字》，明洪武辛亥孟秋吉日金陵王氏勤有书堂新刊，复刻本，东京学艺大学图书馆望月文库藏。

兰陵笑笑生:《金瓶梅词话》，陶慕宁校注，人民文学出版社，2000。

李默:《孤树裒谈》,《四库全书存目丛书》子部第240册，影印明刻本。

李绍文:《云间杂识》，国家图书馆藏清抄本，善本书号:11050。

李渔:《连城璧》，孟裴标校，上海古籍出版社，1992。

李志常撰，尚衍斌、黄太勇校注《长春真人西游记校注》，中央民族大学出版社，2016。

李贽:《续藏书》，中华书局，1974。

凌濛初:《二刻拍案惊奇》,《古本小说丛刊》第14辑第1—2册，中华书局，影印明崇祯五年尚友堂刊本，1987。

凌濛初:《初刻拍案惊奇》，张明高校注，中华书局，2014。

刘若愚:《酌中志》，北京古籍出版社，1994。

刘万春:《守官漫录》,《四库禁毁丛刊》集部第37册，北京出版社，影印北京大学图书馆藏明万历四十八年刘氏澹然居刻本，1997。

刘夏:《刘尚宾文续集》,《续修四库全书》第1326册，影印南京图书馆藏明永乐刘拙刻成化刘衢增修本。

刘一清撰，王瑞来校笺《钱塘遗事校笺考原》，中华书局，2016。

刘郁:《西使记》，中华书局，1985。

刘岳申:《申斋刘先生文集》卷八,《元代珍本文集汇刊》，台湾图书馆，影印清嘉庆杭州赵氏星凤阁转录明初抄本，1976。

陆釴:《贤识录》,《四库全书存目丛书》子部第240册，涵芬楼影印明刻《今献汇言》本。

陆容:《菽园杂记》，中华书局，1997。

陆深:《俨山外集》，台湾图书馆藏明嘉靖二十四年陆楫刻本。

茅元仪:《武备志》,《续修四库全书》第963—966册，影印明天启元年刻本。

《秘阁元龟政要》,《四库存目丛书》史部第17册，齐鲁书社，影印明抄本，1996。

《明实录》，黄彰健等校，台北：中研院历史语言研究所，1962。

莫旦:《大明一统赋》,《四库禁毁丛刊》史部第21册，影印北京大学图书馆藏明嘉靖十五年郑普刻本。

《欧阳玄集》，魏崇武、刘建立点校，吉林文史出版社，2009。

潘超、丘良任、孙忠铨等主编《中华竹枝词全编》，北京出版社，2007。

彭大雅、徐霆撰，王国维笺证《黑鞑事略笺证》，海宁王忠悫公遗书本，1927。

彭大雅、徐霆撰，许全胜校注《黑鞑事略校注》，兰州大学出版社，2014。

钱士升:《赐余堂集》,《四库全书存目丛书》集部第156册，影印明万历二十八年吴亮吴奕等刻本。

清啸生:《喜逢春》,《古本戏曲丛刊二集》，影印明末刊本。

邱濬:《新刻魏仲雪先生批评投笔记》,《古本戏曲丛刊初集》第5函第1册，影印南京图书馆藏明存诚堂刊本。

《全相秦并六国平话》，元至治年间建安虞氏书坊刻本，日本内阁文库藏。

申时行、赵用贤等:《大明会典》,《续修四库全书》第790册，影印明万历十五年内府刻本。

沈德符:《万历野获编》，中华书局，1959。

《宋大将岳飞精忠》，明脉望馆抄校本。

宋濂等:《元史》，中华书局，1976。

《宋濂全集》，浙江古籍出版社，2014。

苏天爵编《元文类》，张金铣点校，安徽大学出版社，2020。

隋树森编《全元散曲》，中华书局，1964。

孙承泽:《春明梦余录》，王剑英点校，北京古籍出版社，1992。

孙高亮:《于少保萃忠传》，古本小说集成编委会编《古本小说集成》，上海古籍出版社，影印明天启刻本，1994。

孙旬:《皇明疏钞》,《续修四库全书》第463册，影印明万历十二年自刻本。

谈迁:《国榷》，张宗祥点校，中华书局，1958。

谈迁:《枣林杂俎》，中华书局，2006。

唐慎微:《重修经史证类大观本草》，安徽科学技术出版社，2002。

陶宗仪:《南村辍耕录》，中华书局，1985。

荑秋散人:《玉娇梨》，冯伟民校点，人民文学出版社，2006。

《屠赤水先生批评荆钗记》,《古本戏曲丛刊初集》第2函第5册，影印明末刊本。

汪廷讷:《三祝记》,《古本戏曲丛刊二集》，影印明环翠堂乐府本。

汪廷讷:《义烈记》,《古本戏曲丛刊二集》，影印明环翠堂乐府本。

王季思主编《全元戏曲》第8卷，人民文学出版社，1999。

王鸣鹤:《登坛必究》,《续修四库全书》第960—961册,明万历二十七年刻本。

王圻:《三才图会》,上海古籍出版社,1987。

王三聘:《事物考》,《四库全书存目丛书》子部第222册,影印天津图书馆藏明隆庆三年刻本。

王世贞:《凤洲杂编》,景明刻本纪录汇编本。

王世贞:《觚不觚录》,明万历刻宝颜堂续秘笈五十种本。

王世贞:《弇山堂别集》,中华书局,1985。

王同轨:《耳谈类增》,吕友仁、孙顺霖校点,中州古籍出版社,1994。

王恽撰,杨亮、钟彦飞点校《王恽全集汇校》,中华书局,2013。

乌兰校勘《元朝秘史(校勘本)》,《四部丛刊三编》本,中华书局,2012。

吴承恩:《西游记》,人民文学出版社,2005。

吴越草莽臣:《魏忠贤小说斥奸书》,古本小说集成编委会编《古本小说集成》第1辑第23册,影印明崇祯元年峥霄馆刊本。

西吴懒道人:《绣像剿闯小说》,刘世德、陈庆浩、石昌渝主编《古本小说丛刊》第38辑,中华书局,影印南明弘光兴文馆刊本，1987。

萧大亨:《北虏风俗》，广文书局，1972。

《新刻全像高文举珍珠记》，《古本戏曲丛刊二集》第1函第2册，影印明文林阁刊本。

熊梦祥撰，北京图书馆善本组辑《析津志辑佚》，北京古籍出版社，1983。

徐象梅:《两浙名贤录》，《四库全书存目丛书》史部第117册，影印北京大学图书馆藏明天启徐氏光碧堂刻本。

徐一夔、梁寅等:《大明集礼》，《中华再造善本》，国家图书馆出版社，影印明嘉靖九年内府刻本，2010。

徐征、张月中、张圣洁、奚海主编《全元曲》，河北教育出版社，1998。

严嵩:《钤山堂集》，《中华再造善本》，影印明嘉靖二十四年自刻本。

杨朝英:《朝野新声太平乐府》，四部丛刊影印元本。

杨允孚:《滦京杂咏》，清知不足斋丛书本。

《杨六郎调兵破天阵杂剧》，《古本戏曲丛刊四集》，影印明脉望馆抄校本。

叶子奇:《草木子》，中华书局，1959。

尹直:《謇斋琐缀录》,《四库全书存目丛书》子部第239册,齐鲁书社,影印北京图书馆藏明抄国朝典故本,1996。

余永麟:《北窗琐语》,《四库全书存目丛书》子部第240册,影印武汉大学图书馆藏清乾隆金氏砚云书屋刻砚云本。

虞集:《道园类稿》,《元人文集珍本丛刊》第5—6册,影印台湾图书馆藏明初复刊元抚州路学刊本,台北:新文丰出版公司,1985。

虞集:《道园学古录》,《四部丛刊初编》本,影印明景泰翻元小字本。

袁于令:《隋史遗文》,刘文忠校点,人民文学出版社,1999。

《元典章》,陈高华、张帆、刘晓、党宝海点校,中华书局、天津古籍出版社,2011。

云水道人:《新镌全像蓝桥玉杵记》,《古本戏曲丛刊初集》第11函第4册,影印明万历浣月轩刊本。

臧晋叔编《元曲选》,中华书局,1989。

查继佐:《罪惟录》,浙江古籍出版社,2014。

张廷玉等:《明史》,中华书局,1974。

张元忭:《馆阁漫录》,《四库全书存目丛书》史部第258—259册,影印明不二斋刻本。

赵珙:《蒙鞑备录笺证》,《王国维遗书》第 13 册，上海古籍书店，1983。

赵孟頫:《松雪斋文集》,《四部丛刊初编》本，影印元沈伯玉刻本。

《赵孟頫集》，钱伟强点校，浙江古籍出版社，2012。

《郑思肖集》，陈福康校点，上海古籍出版社，1991。

郑晓:《吾学编》,《北京图书馆古籍珍本丛刊》第 12 册，书目文献出版社，影印明隆庆元年郑履淳刻本，1988。

周玄炜:《泾林续纪》,《续修四库全书》第 1124 册，上海古籍出版社，影印明万历刻本，2002。

朱国桢:《涌幢小品》，中华书局，1959。

朱睦㮮:《圣典》,《四库全书存目丛书》史部第 52 册，影印明万历四十一年刻本。

（二）专著

《多桑蒙古史》，中华书局 ，1973。

《鄂多立克东游录》，何高济译，中华书局，1981。

《克拉维约东使记》，杨兆钧译，商务印书馆，1957。

《马可·波罗游记》，冯承钧译，中华书局，1954。

白寿彝主编《中国通史》第八卷（元时期），上海人民出版社，1997。

陈宝良:《明代社会生活史》，中国社会科学出版社，2004。

陈高华、徐吉军主编《中国服饰通史》，宁波出版社，2002。

陈茂同:《中国历代衣冠服饰制》，新华出版社，1993。

方龄贵:《古典戏曲外来语考释词典——以源于蒙古语者为主》，汉语大词典出版社、云南大学出版社，2001。

方龄贵:《元明戏曲中的蒙古语》，汉语大词典出版社，1991。

高春明:《中国服饰名物考》，上海文化出版社，2001。

葛兆光:《古代中国的历史、思想与宗教》，北京师范大学出版社，2006。

韩儒林:《穹庐集——元史及西北民族史研究》，上海人民出版社，1982。

黄能馥、陈娟娟编著《中国服装史》，中国旅游出版社，1995。

贾敬颜、朱风合辑《蒙古译语女真译语汇编》，天津古籍出版社，1990。

贾玺增:《中外服装史》，东华大学出版社，2016。

箭内亘:《蒙古史研究》，商务印书馆，1932。

李莉莎:《蒙古族服饰文化史考》，中国纺织出版社，2022。

李锡厚、白滨:《辽金西夏史》，上海人民出版社，2003。

李之檀编《中国服饰文化参考文献目录》，中国纺织出版社，2001。

李治亭:《清史》，上海人民出版社，2002。

林梅村:《大朝春秋：蒙元考古与艺术》，故宫出版社，2013。

那木吉拉:《中国元代习俗史》，人民出版社，1994。

南炳文、汤纲:《明史》，上海人民出版社，2003。

沈从文:《中国古代服饰研究》，上海书店出版社，2005。

史卫民:《元代社会生活史》，中国社会科学出版社，1996。

王熹:《明代服饰研究》，中国书店，2013。

袁杰英编著《中国历代服饰史》，高等教育出版社，1994。

赵世瑜:《吏与中国传统社会》，浙江人民出版社，1994。

周良霄、顾菊英:《元史》，上海人民出版社，2003。

周锡保:《中国古代服饰史》，中国戏剧出版社，1984。

周汛、高春明编著《中国衣冠服饰大辞典》，上海辞书出版社，1996。

周汛、高春明:《中国古代服饰风俗》，陕西人民出版社，2002。

〔英〕克里斯托弗·道森编《出使蒙古记》，中国社会科学出版社，1983。

栗林均編『「元朝秘史」モンゴル語漢字音譯·傍譯漢語對照語彙』東北大学東北アジア研究センタ、2009。

（三）论文

北京市文物工作队:《北京南苑苇子坑明代墓葬清理简报》，《文物》1964 年第 11 期。

陈娟娟:《明代的丝绸艺术》,《故宫博物院院刊》1992 年第 2 期。

陈永志:《羊群庙元代石雕人像装饰考》，成都文物考古研究所:《成都蜀僖王陵发掘简报》,《文物》2002 年第 4 期。

大同市文物陈列馆、山西云冈文物管理所:《山西省大同市元代冯道真、王青墓清理简报》,《文物》1962 年第 10 期。

代尊德、冯应梦:《太原风峪口明墓清理》,《考古》1965 年第 9 期。

党宝海、杨玲:《腰线袍与辫线袄：关于古代蒙古文化史的个案研究》,《西域历史语言研究集刊》第 2 辑，科学出版社，2009。

翟春玲、翟荣、贾晓燕:《西安电子城出土元代文物》,《文博》2002 年第 5 期。

杜若:《元明之际金齿百夷服饰、礼俗、发式的变革——兼述两本〈百夷传〉所记“胡人”风俗对金齿百夷的影响》,《思想战线》1996 年第 5 期。

费尔南·布罗代尔:《历史和社会科学：长时段》,《史学理论》1987 年第 3 期。

甘肃省博物馆、漳县文化馆:《甘肃漳县元代汪世显家族墓葬——简报之二》,《文物》1982 年第 2 期。

葛兆光:《大明衣冠今何在》,《史学月刊》2005 年第 10 期。

广州市文物管理委员会:《戴缙夫妇墓清理报告》,《考古学报》1957 年第 3 期。

贵州省博物馆:《遵义高坪“播州土司”杨文等四座墓葬发掘记》,《文物》1974 年第 1 期。

海南省文物考古研究所、海口市博物馆:《海南海口金牛岭明清墓地发掘简报》,《南方文物》2001 年第 3 期。

侯玉敏:《蒙古民族服饰艺术刍论》,《内蒙古艺术》2005 年第 1 期。

呼林贵、刘合心、徐涛:《蒲城发现的元墓壁画及其对文物鉴定的意义》,《文博》1998 年第 5 期。

胡继芳、韩光明:《浅析清代的补服制度》,《兵团教育学院学报》2004 年第 4 期。

胡义慈:《玉山县发现明墓一座》,《南方文物》1962 年第 4 期。

黄雪寅:《13—14 世纪蒙古族衣冠服饰的图案艺术》,《内蒙古文物考古》1999 年第 2 期。

济南市考古研究院、济南市章丘区博物馆:《山东章丘清源大街元代壁画墓》,《中国国家博物馆馆刊》2022 年第 6 期。

济南市文化局、章丘县博物馆:《济南近年发现的元代砖雕壁画墓》,《文物》1992 年第 2 期。

济南市文化局文物处:《济南柴油机厂元代砖雕壁画墓》,《文物》1992 年第 2 期。

江苏省淮安县博物馆:《淮安县明代王镇夫妇合葬墓清理简报》,《文物》1987 年第 3 期。

江西省历史博物馆、南城县文物陈列室:《南城明益宣王夫妇合葬墓》,《南方文物》1980 年第 3 期。

江西省文物工作队:《江西南城明益宣王朱翊钊夫妇合葬墓》,《文物》1982 年第 8 期。

江学礼:《成都梁家巷发现明墓》,《考古》1959 年第 8 期。

江阴市博物馆:《江苏江阴明代薛氏家族墓》,《文物》2008 年第 1 期。

姜淑媛、顾平:《早期中国官服补子与日本和服家徽的比较研究》,《国外丝绸》2005 年第 6 期。

金琳:《云肩在蒙元服饰中的运用》,《内蒙古大学艺术学院学报》2006 年第 3 期。

荆州地区博物馆、石首市博物馆:《湖北石首市杨溥墓》,《江汉考古》1997 年第 3 期。

李德仁:《山西右玉寺水陆画论略》,《美术观察》2000 年第 8 期。

李京华:《洛阳发现的带壁画古墓》,《文物参考资料》1958 年第 1 期。

李莉莎:《论〈蒙古秘史〉中的服装描述及其文化蕴意》,《内蒙古社会科学》2006 年第 6 期。

李莉莎:《蒙古族古代断腰袍及其变迁》,《内蒙古社会科学》2015 年第 2 期。

李莉莎:《质孙服考略》,《内蒙古大学学报》2008 年第 2 期。

李英华:《清代冠服制度的特点》,《故宫博物院院刊》1990 年第 1 期。

李治安:《元代汉人受蒙古文化影响考述》,《历史研究》2009

年第1期。

刘宝爱、张德文:《陕西宝鸡元墓》,《文物》1992年第2期。

刘恩元:《遵义团溪明播州土司杨辉墓》,《文物》1995年第7期。

刘善沂、王惠明:《济南市历城区宋元壁画墓》,《文物》2005年第11期。

刘善沂:《山东长清、平阴元代石刻壁画墓》,《文物》2008年第2期。

刘致远:《成都三座坟明墓第一次清理报告》,《成都文物》1988年第2期。

楼淑琦:《元代织金服饰工艺及修复》,《内蒙古文物考古》2006年第1期。

罗玮:《明代的蒙元服饰遗存初探》,《首都师范大学学报》2010年第3期。

洛阳市文物工作队:《洛阳东郊明墓》,《中原文物》1985年第4期。

吕劲松:《洛阳伊川元墓发掘简报》,《文物》1993年第5期。

马志祥、张孝绒:《西安曲江元李新昭墓》,《文博》1988年第2期。

南京市博物馆、苏州丝绸博物馆:《明代缎地麒麟曳撒与梅花纹长袍的修复与研究》,《四川文物》2005 年第 5 期。

南京市文物保管委员会、南京市博物馆:《明徐达五世孙徐俌夫妇墓》,《文物》1982 年第 2 期。

南阳市文物考古研究所:《南阳桐柏卢寨元代壁画墓发掘简报》,《中原文物》2022 年第 1 期。

内蒙古自治区文化厅文物处、乌兰察布盟文物工作站:《内蒙古凉城县后德胜元墓清理简报》,《文物》1994 年第 10 期。

欧阳琦:《元代服装小考》,《装饰》2006 年第 8 期。

秦光杰、薛尧、李家和:《江西广丰发掘明郑云梅墓》,《考古》1965 年第 6 期。

全洪:《明湛若水墓及其随葬器物》,《岭南文史》1992 年第 2 期。

山东省博物馆:《发掘明朱檀墓纪实》,《文物》1972 年第 5 期。

山西省文物管理委员会、山西省考古研究所:《山西文水北峪口的一座古墓》,《考古》1961 年第 3 期。

商彤流、解光启:《山西交城县的一座元代石室墓》,《文物世界》1996 年第 4 期。

上海博物馆考古研究部、上海市松江博物馆:《上海市松江区明墓发掘简报》,《文物》2003 年第 2 期。

上海市文物管理委员会:《上海市卢湾区明潘氏墓发掘简报》,《考古》1961 年第 8 期。

四川省文物管理委员会:《成都白马寺第六号明墓清理简报》,《文物参考资料》1956 年第 10 期。

苏力:《原本〈老乞大〉所见元代衣俗》,《呼伦贝尔学院学报》2006 年第 5 期。

苏日娜:《蒙元时期蒙古族的服饰原料——蒙元时期蒙古族服饰研究之一》,《黑龙江民族丛刊》2000 年第 1 期。

苏日娜:《蒙元时期蒙古族的发式与帽冠——蒙元时期蒙古族服饰研究之二》,《黑龙江民族丛刊》2000 年第 2 期。

苏日娜:《蒙元时期蒙古人的袍服与靴子——蒙元时期蒙古族服饰研究之三》,《黑龙江民族丛刊》2000 年第 3 期。

苏日娜:《罟罟冠形制考》,《中央民族大学学报》2002 年第 2 期。

苏州市博物馆:《苏州虎丘明墓清理简报》,《东南文化》1997 年第 1 期。

泰州市博物馆:《江苏泰州市明代徐蕃夫妇墓清理简报》,《文物》1986 年第 9 期。

泰州市博物馆:《江苏泰州西郊明胡玉墓出土文物》,《文物》1992 年第 8 期。

汪伟:《庙宇元代壁画墓》,《红岩春秋》2020 年第 11 期。

王玉清、杭德州:《西安曲江池西村元墓清理简报》,《文物参考资料》1958 年第 6 期。

巫仁恕:《明代平民服饰的流行风尚与士大夫的反应》,《新史学》(台北)第 10 卷第 3 期,1999 年。

西安市文物保护考古所:《西安南郊元代王世英墓清理简报》,《文物》2008 年第 6 期。

希路易:《明初蒙古习俗的遗存》,朱丽文译,《食货月刊》(台北)第 5 卷第 4 期,1975 年。

咸阳地区文物管理委员会:《陕西户县贺氏墓出土大量元代俑》,《文物》1979 年第 4 期。

项春松、王建国:《内蒙昭盟赤峰三眼井元代壁画墓》,《文物》1982 年第 1 期。

谢菲、贺阳:《辫线袍“肩线”结构及其形成原因》,《装饰》2019 年第 9 期。

谢菲、贺阳:《蒙元时期辫线袍功能性结构探讨》,《美术大观》2019 年第 9 期。

邢宇新:《趣谈明清时期的官服“补子”》,《北京纺织》2002 年第 3 期。

薛登:《成都蜀王陵(下)——昭王陵的发掘及蜀府陵墓寝园

规制考释》,《成都文物》1999 年第 4 期。

烟台地区文管会:《山东招远明墓出土遗物》,《文物》1992 年第 5 期。

杨玲:《元代的辫线袄》,李治安主编《元史论丛》第 10 辑,中国广播电视出版社,2005。

杨玲:《元代丝织品研究》,博士学位论文,南开大学,2005。

杨仁:《四川岳池县明墓的清理》,《考古通讯》1958 年第 2 期。

杨益清、杨长城:《云南大理市苍山玉局峰发现一座明代石室墓》,《考古》1991 年第 6 期。

杨益清:《大理三月街明韩政夫妇墓》,《云南文物》总第 19 期,1986 年。

叶作富:《四川铜梁明张文锦夫妇合葬墓清理简报》,《文物》1986 年第 9 期。

张才俊:《四川平武明王玺家族墓》,《文物》1989 年第 7 期。

张德光:《山西榆次猫儿岭发现明代砖墓》,《考古通讯》1955 年第 5 期。

张帆:《论金元皇权与贵族政治》,《学人》第 14 辑,江苏文艺出版社,1998。

张佳:《“深檐胡帽”:一种女真帽式盛衰变异背后的族群与文

化变迁》,《故宫博物院院刊》2019 年第 2 期。

赵丰:《蒙元龙袍的类型及地位》,《文物》2006 年第 8 期。

赵世纲:《杞县高高山明墓清理简报》,《文物》1957 年第 8 期。

赵世瑜:《明清史与宋元史：史学史与社会史视角的反思——兼评〈中国历史上的宋元明变迁〉》,《北京师范大学学报》2007 年第 5 期。

赵世瑜:《圣姑庙：金元明变迁中的“异教”命运与晋东南社会的多样性》,《清华大学学报》2009 年第 4 期。

赵振纪:《中国衣冠中之满服成分》,《人言周刊》第 2 卷第 15 期，1935 年。

中国社会科学院考古研究所、四川省博物馆:《成都凤凰山明墓》,《考古》1978 年第 5 期。

周礼:《荆门明代铜俑初探》,《江汉考古》1990 年第 4 期。

周玲、张连举:《元杂剧中的服饰风俗文化遗存》,《贵州文史丛刊》2004 年第 4 期。

周松:《上行而下不得效——论明朝对元朝服饰的矛盾态度》,《西北民族大学学报》2015 年第 3 期。

（四）图册

《大观——北宋书画特展》，台北故宫博物院，2010。

安徽博物院编《安徽文明史陈列》，文物出版社，2012。

陈夏生:《中华五千年文物集刊·服饰篇》，台北，中华五千年文物集刊编辑委员会，1986。

单国强主编《院体浙派绘画》，上海科学技术出版社、商务印书馆（香港），2007。

党宝海、刘晓编著《中国古代历史图谱·元代卷》，湖南人民出版社，2016。

董新林、张鹏主编《中国墓室壁画全集·宋辽金元》，河北教育出版社，2011。

甘肃省博物馆编《汪世显家族墓出土文物研究》，甘肃人民美术出版社，2017。

高延青主编《内蒙古珍宝》，内蒙古大学出版社，2007。

故宫博物院编《明代宫廷书画珍赏》，紫禁城出版社，2009。

故宫博物院编《故宫博物院藏品大系·绘画编》，紫禁城出版社，2010。

《吉林省博物馆》，文物出版社，1992。

金维诺主编《山西洪洞广胜寺水神庙壁画》，河北美术出版社，2001。

金维诺主编《永乐宫壁画全集》，天津人民美术出版社，

2007。

康殿峰:《毗庐寺壁画》，河北美术出版社，1998。

廖军、许星主编《中国设计全集》，商务印书馆，2012。

罗春政:《辽代绘画与壁画》，辽宁画报出版社，2002。

山东博物馆、山东省文物考古研究所编《鲁荒王墓》，文物出版社，2014。

山西省博物馆编《宝宁寺明代水陆画》，文物出版社，1985。

陕西省考古研究院编著《壁上丹青：陕西出土壁画集》，科学出版社，2009。

陕西省考古研究院编《蒙元世相：陕西出土蒙元陶俑集成》，人民美术出版社，2018。

陕西省考古研究院编著《元代刘黑马家族墓考古发掘报告》，文物出版社，2018。

上海市戏曲学校中国服装史研究组编著《中国历代服饰》，学林出版社，1984。

沈从文:《中国古代服饰研究》(增订本)，香港：商务印书馆，1992。

石守谦、葛婉章主编《大汗的世纪：蒙元时代的多元文化与艺术》，台北故宫博物院，2001。

孙建华编著《内蒙古辽代壁画》，文物出版社，2009。

徐光冀主编《中国出土壁画全集》，科学出版社，2012。

杨美莉:《中华五千年文物集刊·版画篇一》，台北，中华五千年文物集刊编辑委员会，1993。

中国敦煌壁画全集编辑委员会编《中国敦煌壁画全集》，天津人民美术出版社，1996。

中国古代书画鉴定组编《中国绘画全集》，浙江人民美术出版社、文物出版社，1999。

中国国家博物馆编《中国国家博物馆馆藏文物研究丛书·绘画卷（风俗画）》，上海古籍出版社，2006。

中国国家博物馆编《中国国家博物馆馆藏文物研究丛书·绘画卷（历史画）》，上海古籍出版社，2006。

中国织绣服饰全集编辑委员会编《中国织绣服饰全集》第4卷，天津人民美术出版社，2004。

周芜、周路、周亮编著《日本藏中国古版画珍品》，江苏美术出版社，1999。

图书在版编目（CIP）数据

马上衣冠：元明服饰中的蒙古因素 / 罗玮著. --
北京：社会科学文献出版社, 2023.10
（九色鹿）
ISBN 978-7-5228-2356-0

Ⅰ.①马… Ⅱ.①罗… Ⅲ.①蒙古族－民族服饰－服饰文化－文化史－中国－元代-明代 Ⅳ.①TS941.742.812

中国国家版本馆CIP数据核字（2023）第164331号

·九色鹿·
马上衣冠
——元明服饰中的蒙古因素

著　　者 / 罗　玮

出 版 人 / 冀祥德
组稿编辑 / 郑庆寰
责任编辑 / 赵　晨　汪延平
责任印制 / 王京美

出　　版 / 社会科学文献出版社·历史学分社（010）59367256
地址：北京市北三环中路甲29号院华龙大厦　邮编：100029
网址：www.ssap.com.cn
发　　行 / 社会科学文献出版社（010）59367028
印　　装 / 南京爱德印刷有限公司

规　　格 / 开　本：889mm×1194mm　1/32
印　张：9.25　字　数：248千字
版　　次 / 2023年10月第1版　2023年10月第1次印刷
书　　号 / ISBN 978-7-5228-2356-0
定　　价 / 68.80元

读者服务电话：4008918866

版权所有 翻印必究